JN232056

100倍
クリックされる
超Webライティング
バズる単語300

ウェブメディアコンサルタント

東　香名子

はじめに

　ウェブページが何回閲覧されたかを表す数値は「PV」と呼ばれています。「ページビュー」の略であり、数字が大きければ大きいほど、人に見られているということ。アピールしたい商品やサービスもたくさんの人の目に触れ、社会への影響力も高くなっていきます。PVを上げるためには、記事のタイトルにこだわることが最も重要です。1日に数えきれないほどアップされる記事の中で、いかに目立ち、読者のハートを突き、クリックさせるか。これに懸かっています。

　さらにたくさんの人に見られるためには、記事を「拡散」してもらう必要があります。拡散とは、LINE、Twitter、Facebookなどの SNS を通して、記事がたくさんの人にシェアされること。友達にシェアして、そのまた友達、そのまた友達がシェアをする……という倍々ゲームで、何百万人があなたの記事を見ることになるでしょう。

　このように、記事がたくさんの人にシェアされて読まれることを「バズる」と言います。ウェブメディアに従事する人たちは、「バズる」ことを目指して発信を続けています。

かつて私は女性サイト編集長として、月間 1 万 PV だったサイトをタイトルだけで 650 万 PV にまで育てた経験があります。現在はウェブメディアコンサルタントとして、最新のヒットタイトルの研究を続けています。また現役のコラムニストとしても、ニュースサイトで記事を執筆しています。

　この本は私の経験から、より読者の目に留まりやすい「バズる単語やフレーズ」を300ほどピックアップしました。

　あなたが心を込めて書いた記事。たくさんの人に読んでもらいたいですよね。頑張って書いたのに、誰も読んでくれなかったときほど悲しいことはありません。

　PVを上げたいとき、タイトルのアイディアが浮かばないときなどに、この本を開いてみてください。掲載されているワードをタイトルや文章に活用して、これまでより 100 倍クリックされるような記事でバズらせてみませんか？

○○な人必見！／○○な時がチャンス／知らなきゃ損／
今だけ／ここだけ／レア／プレミア／限定／日本上陸／
海外セレブ／○○発／コラボ／予約の取れない／続出／殺到

1

簡単・手軽

誰でもできるような簡単さ・お手軽さを
タイトルで示すと、読者は反応します。
一見難しそうなことでも
「自分にもできそう！」とワクワクさせる
バズるワードを紹介します。

簡単

（例）

- 憧れの彼女を振り向かせる簡単な LINE テク4つ
- 煩わしいこと一切ナシ！ネットショップを簡単に始める方法
- 簡単！女性でも半日でできちゃうお手軽 DIY・10選

　Web 記事をバズらせるためには、何よりもタイトルが大事！コツは「シンプルさ」と「メリット」をストレートに伝えることです。難しそうなことでも「私にもできそう！」と思わせて、読者の心理的ハードルを下げてあげましょう。そうすることで、記事のクリック率が上がります。

　ハードルを下げるには「簡単」というワードがぴったり。難しいことだけでなく、面倒なことなどと組み合わせれば、ギャップが生まれインパクトの強いタイトルに変身します。

　「簡単な」「簡単に」など、バリエーションも豊富で、利用しやすいワードです。「簡単！」とタイトルの最初に持ってきて、呼びかけに使うのもよいでしょう。とにかく困ったときに使える素晴らしいワードです。

002

手軽

> ## 例
>
> - 注目！主婦が**手軽**に売り買いできるフリマアプリの決定版
> - 100円ショップで**手軽**に買える「お掃除グッズ」10選
> - お**手軽**！ピクニックの荷物運びが楽になる4つのアイテム

ときどき起こる生活の困りごと。面倒なことを避けて、楽チンに解決したいものですよね。そんな読者を救うために使いたいのが「手軽」というワード。

手間がかからないことを意味し、タイトルを見た時点で読者を安心させる効果があります。ハウツー記事に使えば、「手間をかけずに楽チンにお悩みが解決できる記事ですよ〜」という軽快なアピールに。「今すぐやってみようかな」と読者にプラスの印象を与えて、クリックをうながします。

「手軽に」「手軽な」「お手軽」など変幻自在で、使い勝手のよい言葉です。ライフハック（仕事術）をはじめ、ハウツーなど、読者の生活を楽チン＆快適にするためのアドバイスと一緒に使うと喜ばれるでしょう。

003

シンプル

例

- 伝説の個人投資家が伝授！仮想通貨のシンプル投資法・4つ
- いつでもキレイな肌でいられるシンプルな5つの方法

　「簡単」という意味を持つワード。これも読者の心理的ハードルを下げる役割があります。「簡単」よりもスタイリッシュで都会的な雰囲気。またカタカナなので、漢字が続いているタイトルのアクセントとしても、いい仕事をしてくれますよ。

004

たった

例

- お金持ちに共通する「たった1つ」の考え方
- たったコレだけ！カレーが格段にウマくなる4つの裏ワザ

　数の少なさを強調するワード。数字の前につけると、シンプルさが研ぎ澄まされて、アピール力が倍増します。特に、「1」という数字に読者は敏感。「たった」と一緒に使えば、相乗効果が生まれ、PVアップに貢献します。

Word
005

まずは○○！

> 例

● まずはコレ！登山初心者が買うべきアウトドアグッズ・5つ

● まずはブドウから！ワイン初心者のための品種一覧

今やWeb上にはたくさん情報があふれかえっています。それだけに、読者は「どれを読めばいいか分からない」と混乱する人も。そんな人の助け舟となるのが、このワード。タイトルに入れて読者への親切な足がかりを与えましょう。

Word
006

○○するだけで△△

> 例

● アレで磨くだけでツルピカ！お風呂掃除のポイントとは

● 行くだけで幸せになれる⁉ 都内パワースポット4選

「面倒なことは抜きにして、たった1つの行動でOK！」という、シンプルなイメージを与えます。○○は具体的な内容にするほど読者が興味を持ちやすく、△△には読者が求めている悩み解決のイメージをストレートに入れましょう。

初心者

> 例

- **初心者**必見！今からでも間に合う「投資信託」の始め方
- **初心者**に人気！ネットで気軽に買えるギター４選
- すぐに始められる！**初心者**のための中国語講座

何かを始めようと思ったとき、私たち現代人は真っ先にネットで検索をします。「何から始めていいのやら」と右も左も分からずに、不安でいっぱい。そんなとき「初心者」というワードを見つけたら、「自分のことだ！」と瞬時に飛びつくことでしょう。

このワードがあるだけで、ビギナー向けの記事だと判断でき、読者の心理的ハードルを下げるのにうってつけのワードです。

タイトルは、読者に呼びかけるように書きましょう。「初心者必見！」「初心者ならこれ！」のように、声を直接かけるつもりで使ってみてください。読者が無意識に反応して、クリックしてくれるはず。

また「初心者のための○○」「初心者向けの○○」といったアレンジを加えた使い方もできます。

Word
008

初めて

 例

- 60歳以上のための「初めてのSNS」4つの楽しみ方
- 初めてでも大丈夫！先輩ママが教える出産準備・4つのコツ

「まだ何も知識がない」という人に手を差しのべるワードです。年齢や性別などターゲットの属性が含まれていると、さらに読者の目線をロックオンできます。あなたの記事で、迷える読者を新しい世界へ導いてあげてください。

Word
009

入門

 例

- 【楽譜紹介】大人から始めるジャズピアノ入門
- 簡単！プリザーブドフラワーの作り方・入門編

物事を始めるための「手引き」という意味を持つワードです。読者が求めるスタート地点を、やさしくレクチャーしてあげましょう。「入門編」「応用編」というふうに、シリーズものにするのもオススメです。

010

即

例

- 即解決！投資信託のお悩みを解決する４つの方法
- 簡単５ステップ！面倒な大掃除を即終わらせる方法とは

　すぐに物事が終わる、またはすぐに結果が出るというスピード感を漂わせるワード。読者が煩わしいと思っている悩み事と合わせて使って。「即変わる」のように状態を表す動詞に合わせたり、「即レス」「即美人」のように名詞につけるのも◎。

011

直ちに

例

- トイレの水漏れを直ちに解決する４つの方法
- 直ちにアタックせよ！女性が匂わす脈ありサイン・５つ

　「即」と似たような用法で、こちらもスピード感を読者にアピールできるワードです。ちょっとお堅い印象ではありますが、恋愛などのライフスタイル記事とあえて掛け合わせてみましょう。ギャップが効いて読者の関心を引くことができます。

Word
012

瞬時に

◯例

- 瞬時に唇をプルプルにする「神リップ」といえばコレ
- お会計も怖くない！瞬時にワリカンしてくれるアプリとは

　こちらも素早さを表現するワードです。「早く」や「すぐ」という言葉よりも、視覚的な強さを与えることができます。読者がなりたいイメージや、悩みが解決できる内容を一緒に入れると、読者が"瞬時に"反応してくれるでしょう。

Word
013

時短

◯例

- 主婦必見！家事を楽にする時短テク100連発
- 時短暗記でテストもバッチリ！東大生が教える最強勉強術

　「時間短縮」の略語。面倒なことはサクッと短時間で終わらせたいですよね。そんなときにこのワードを見ると、ついつい反応してしまいます。特に家庭に関する記事とは相性バツグン。ほかにも一般的に時間がかかると思われている内容にもぴったりです。

一発

例

- 一発で肩こり解消！疲れたら押すべきツボはここ
- 子育ての悩みを一発解決してくれるサービス・4選

　たった1つの動作で大きな結果が出るという豪快なワードです。実は数字の1（一）という文字は、見た目が非常にシンプル。そこにあるだけで読者の目を引きます。即効性もアピールできるので、悩みを解決したい読者のハートに突き刺さります。

一瞬

例

- 一瞬で好印象を与える「自己紹介」4つの法則
- 面倒な分別も一瞬！家庭用ごみ箱の進化が止まらない

　数字の1（一）シリーズにはこんなものもあります。長い間悩んでいたことが、瞬く間に解決できることを想像させましょう。短時間で「悩み解決」ができたら、きっと読者も大喜び。ライフハックやハウツー記事にもってこいのワードです。

016

一秒

··· 例 ···
- ●一秒で眠れる！？この季節の意外すぎる快眠法とは
- ●一秒で彼を振り向かせる小悪魔な「恋の必殺技」５つ

「一瞬」という言葉に対して、より具体的な時間の短さを表現する「一秒」。時計の秒針がカチッと動くところが頭をよぎるほど、かなりパワーがあります。時間がかかると思われていることを、スピーディに達成できることを強調しましょう。

017

一撃

··· 例 ···
- ●一撃退治！台所の虫を徹底駆除する売れ筋商品ランキング
- ● 撃で彼を惚れさせる魔法のメールの作り方・４ステップ

パンチやキックなど、相手に１つダメージを与えるようなイメージを持つワード。一見攻撃的なイメージがありますが、恋愛コラムなどでも応用が利きます。読者にハッと衝撃を与えるワードとして、ぜひレパートリーに入れましょう。

Word
018

誰にでもできる！

例

- 誰にでもできる！おいしいケーキを作る４つの隠しワザ
- 誰にでもできちゃう！「いいね」が増える撮影テク・４つ

　レクチャー記事は、タイトルで簡単そうな雰囲気を出すのが鉄則。読者の心理的ハードルが下がり、「これならできそう！」とクリックにつながります。ポップな雰囲気にしたいなら「誰にでもできちゃう」としてもよいでしょう。

Word
019

その手があったか！

例

- その手があったか！楽にアイロンがけをする方法
- 思わず「その手があったか！」と叫びたくなる本棚整理術

　Webのユーザーは「意外性」が大好き。思ってもみなかった解決策を見つけると、うれしくなって誰かに教えてあげたくなるのです。タイトルで「その手があったか！」と叫んで、灯台下暗（もとくら）し的なサプライズをプレゼントしてあげましょう。

Word
020

なぜか○○できる

> 例
>
> - **なぜか**英語がスラスラ**出てくる**！意外な勉強法とは？
> - 厄年の人必見！**なぜか**運気が**上昇する**お守り・3選

大きなクリック数を呼び込む「意外性」と「読者の心理的ハードルを下げる」ワードの合わせ技。大変な労力なく、物事を達成できそうな雰囲気を醸し出します。魔法にかかったような不思議な感じを匂わせて、読者のクリックを呼び込みましょう。

Word
021

ズボラ

> 例
>
> - **ズボラ**でもOK！飲むだけでダイエットできるサプリとは？
> - スマホアプリで楽チン！**ズボラ**のための時短テク・4選

だらしない人を意味するワード。Webユーザーの中にはズボラを自覚している人は多いのです。慰められるように「ズボラでも大丈夫」と言われると、どんな簡単なやり方で悩み解決ができるのだろうと、読者の好奇心を刺激できます。

Word
022
ほったらかし

例

- ほったらかしでOK！家庭菜園をもっと楽に管理する方法
- こんなの欲しかった！ほったらかしで激ウマ料理ができる鍋

　1度やったらそのまま放置。それだけで良い結果が生まれる、楽チンなニュアンスを出すことができます。「面倒なことはいや」という読者のズボラ心をくすぐって期待させれば、記事をクリックしてもらえます。

Word
023
頑張らなくても○○できる

例

- 頑張らなくても結婚できる！プロが教える4つの婚活テク
- 働き方改革のコツは？頑張らなくても出世できる4つの方法

　できることなら頑張らずに願いを叶えたい。それを実現させるアイテムやテクニックがあれば、喜んで飛びついてしまいますよね。大変な努力が必要だと思われている事柄とをくっつけて、読者にハッピーなインパクトを与えましょう。

2

早わかり

読者が求めている情報を
タイトルでストレートに表現しましょう。
「探している情報はココです！」と
読者のハートに訴えかける
バズるワードを紹介します。

024

まとめ

 例

- 初めての一人暮らしにマストな100円グッズまとめ
- 【まとめ】今年結婚した芸能人カップルは？
- 「自分に自信がある人の特徴」をまとめてみた

　ネットで情報を検索する人たちは、「求めている情報は一挙に欲しい」と考えている人が多いため、まとめ記事は大人気。近年、まとめサイトも流行しており、ネットユーザーにとっては親近感の湧く言葉です。

　タイトルに「まとめ」と書いてあるだけで、自然と目がいってしまう人も多い、バズりやすいワードです。よいタイトルが思い浮かばなかったら、とりあえず「まとめ」と入れておくだけでも、ＰＶアップに効果があるでしょう！

　意外にもバリエーションの豊富なワードでもあり、シンプルに「まとめ」と書いてもいいし、「まとめてみた」と動詞のように使えばカジュアルな印象に。隅つきカッコでくくって【まとめ】としても、読者が見つけやすい目印となります。

Word
025

総ざらい

● 意外と知られてない？「富士山の歴史」総ざらい

●【映画】夏休み何見る？公開中の話題作を総ざらいしてみた

　ある項目を「まとめ上げる」という意味で使われるワード。「まとめ」より少し堅めで、お勉強チックな印象になります。読者へ向けて「古い情報、新しい情報含めて、今一度おさらいしてくださいね！」というメッセージを込めましょう。

Word
026

（例）

●【保存版】アスリートに必要な栄養素まとめ

● 最新版をチェック！ノートPCスペック比較表

　情報をまとめた記事と相性がよいワード。保存版、最新版、決定版など、さまざまなバリエーションがあります。読者のためにベストなものをピックアップして、良質な情報があるとアピールを。隅つきカッコ【】でくくるとパッと目を引きますよ。

<u>W o r d</u>
027

◯◯選

 例

- すぐに恋人ゲット!? 縁結びのご利益がスゴイ神社・5選
- 仕事がサクサクはかどるスマホアプリ4選
- 編集部選！夏休みに家族と楽しめる映画4タイトル

　PVを上げるタイトルの法則に、「数字を入れる」というものがあります。読者がタイトルから情報量や記事の長さを推測できるので、クリックしやすいのです。単純にタイトルの中で数字は目立つという理由もあります。

　Web記事においては、数あるワードの中でも「◯◯選」は超がつくほど定番！　「書き手がよい情報を厳選しました」という意味合いが込められ、数字と共に使用されます。ニュースやブログ記事の場合、サクッと読める3〜5選の情報量が人気となっています。

　また、数字をつけるだけでなく、「編集部選」のように選者と合わせて使う方法もあります。専門家が選んでいるという箔_{はく}をつけて、説得力をアップさせましょう。

Word
028

◯◯パターン

 例

- ●初デート後に送ると彼に好印象を与える LINE・3 パターン
- ●北海道どうやって行く？格安な交通機関3パターンを比較

　こちらも数字と合わせてよく使われるワード。複数の情報を並列して伝える記事に有効です。カタカナでカジュアルな印象を与えます。タイトルが漢字だらけで真面目すぎる印象になったときに、雰囲気を柔らかくする中和剤としても役に立つワードです。

Word
029

ポイント

 例

- ●失敗しない「仮想通貨」を買うときの4つのポイント
- ●ここがポイント！初めての不動産選び

　幅広く使える定番のワード。「この記事に要点がまとまっていますよ」と読者に強くアピールすることができます。この4文字を見ただけで、読者は「教えてほしい！」と無意識にクリックしたくなるでしょう。覚えておいて損はないワードです。

テク／テクニック

- 意外とシンプル！読みやすい文章を書く簡単テク・5つ
- 第一印象が大事！婚活で男性に好印象を与える4つのテク
- テクニックが重要！夜景をキレイに撮る方法とは？

　何か物事を上達させたいときって、誰にでもありますよね。でも「本を買ってまで……」なんて躊躇することもあるでしょう。そんなときはWebでの情報収集が便利。無料で手に入る情報を検索する人は多いのです。

　そんな人たちが「テク／テクニック」という文字を見つければ、瞬時に反応を示します。読者のために役に立つ情報を、余すことなく発信していきましょう！

　「テク／テクニック」と2パターンを紹介していますが、「テク」とするとカジュアルで親しみやすい印象、「テクニック」とするとカッチリした印象になります。数字とも相性がよく、「4つの〜」などと合わせればさらにパワーを増します。読者の悩み事や検索しそうな言葉を一緒にタイトルに入れるのがコツです。

Word
031

裏ワザ

 例

- 1000円以上お得！「新幹線の裏ワザ」こっそり教えます
- 少しでもいい席を！コンサートチケット予約の裏ワザ・5つ

　あまり知られてない知る人ぞ知るやり方である「裏ワザ」。お得な情報と相性がよく、「少しでも得したい」という読者心理をグイグイ刺激できます。こっそり、内緒、マル秘、など「秘密っぽい雰囲気」をタイトルで出すと、より読者の意識が向きます。

Word
032

コツ

 例

- 今年こそは楽に進めたい「確定申告」の上手な5つのコツ
- コツはたった1つ！人気者になれるキャラ弁の作り方

　物事が上手くいく方法をレクチャーする記事にぴったり。大体のやり方は分かるものの、スムーズにいかなくて困っている人の目につきやすいワードです。少ない数字と合わせて使うと、簡単にできそうというお手軽感が出て、読者にウケます。

マニュアル

⌢例⌣ ....

● SNSで拡散させる！「今ドキ企業広報」完全マニュアル

● あなたの悩みを一発解決！「成功する転職マニュアル」

「とりあえずコレに従えば任務が遂行できますよ」という雰囲気を出せるワード。読者は「楽にできそう！」とプラスのイメージを抱きます。難度の高いものでも小さなステップに分解して、読者が達成しやすいような記事を心がけましょう。

チェックリスト

⌢例⌣ ....

● 娘に嫌われたくない！パパの身だしなみチェックリスト

● 【チェックリスト】企業の成長性を見極める15項目

必要になるものや行動を一覧にする記事に。カジュアルな記事から堅い記事まで、幅広く使用可能。理解しやすく、読者にも人気のあるワードです。持ち物やポイントなどを羅列していくだけでなく、ちょっとしたお遊びのテスト項目にも使えます。

Word
035

メソッド

> 例
>
> - わが子を東大に合格させる4つのメソッド
> - 少年野球でエースになれる「田中流メソッド」とは

　方法を意味する英単語。「方法」を使うよりも、インテリでかしこいイメージをつけることができます。特にビジネスやスポーツの記事と好相性。発案者の名前をつけて「○○流」と入れると、説得力アップ。「おやっ」と読者の関心も向きますよ。

Word
036

原則

> 例
>
> - 必見！1年で年収を10倍にする4つの原則
> - 食事制限だけじゃダメ！意外なダイエットの原則とは

　規則よりもっと奥深いところにある、普遍的に守られるべき事項のこと。これをやれば手っ取り早く目的に近づけるという意味合いも。単なるハウツーだけでなく、目標を達成するための心意気などを紹介するときにも役立つワードです。

Word
037

鉄則

例

- 専門家が教える！「ビジネス英語の覚え方」4つの鉄則
- 今ドキ女子の鉄則！メイクをしたまま寝ちゃダメな理由とは

　鉄のように固く、「これだけは絶対守らなくてはいけないルール」という厳しく強い印象を与えます。説得力の高いワードなので、その道のプロが教える「レクチャー記事」にも最適。数字と相性がよいので、セットでの使用もオススメです。

Word
038

解決策

例

- もしかして故障？スマホが動かないときの4つの解決策
- 「食欲が止まらない」という悩みに解決策はある？

　読者が欲しいのは、悩みをスッと解決してくれる方法。「解決策」と、ど真ん中の直球でタイトルに書かれているのを見ると、ついついクリックしたくなります。読者が抱きがちなお悩みとセットで使うと、ＰＶアップにつながりますよ。

039

ルール

 例

- 最初が肝心！円滑な会議を進めるための４つの**ルール**
- 初心者必見！話題の「ｅスポーツ」**ルール**まとめ

日本人は特に、ルールに忠実な国民性を持っていると言われています。それだけに「ルール」という言葉には敏感なのかもしれません。数字と相性がよく、高い頻度で使われています。初心者向けの入門記事にも、うってつけです。

Word
040

必殺技

 例

- いざ愛の告白！「成功するバレンタイン」４つの**必殺技**
- 「ママ、おかわり」と言われたい！家庭料理の**必殺技**を伝授

よくマンガやゲームで使われている「必殺技」。Web記事では、“ここぞ！”というときに使える秘技を教えるときにピッタリ。単に「方法」と書くよりも、ちょっとした面白味を出すことができます。ときには、定番より個性的な雰囲気で遊んでみましょう！

041

秘訣

（例）

- 百戦錬磨の営業マンが教える「必勝プレゼン」4つの秘訣
- 【永久保存版】「人に好かれる秘訣」をまとめてみた

　その分野に長けている人や専門家が、密かにやっているポイントのこと。「こっそり伝授する」というニュアンスが出るため、ここだけでしか読めないというスペシャル感も。読者の目的に近づくことをタイトルで匂わせて、アピールしましょう。

042

方程式

（例）

- 彼に惚れられる「つやつや美髪」を作る3つの方程式
- どの組み合わせがベスト？快適な旅行のための方程式・4つ

　本来は、特定の数値を入れると成り立つ数式のこと。Webでは、「いくつかの条件が揃うと望みが叶う」といった意味で使われており、成功へと導いてくれることを示唆するワードです。ベストな組み合わせをいくつか紹介する記事でも使えます。

Word
043

ステップ

> ···例···
> - 「高嶺の花 OL」との距離を縮める簡単ステップとは
> - 実はシンプル！フリーランスになるための5つのステップ

　スタートからゴールまで、物事の細かな段階を解説する記事に。「簡単」「シンプル」など、読者の心理的ハードルを下げるような言葉との組み合わせは PV の爆発力があります。迷える読者へ、ゴールへの筋道をしっかりレクチャーしましょう。

Word
044

○○術

> ···例···
> - 必見！残業から解放されるハイパー仕事術 BEST20
> - どこまで安くなる？飛行機の達人に旅行術を聞いてみた

　ハウツーやライフハックの記事のタイトルに有効なワードです。仕事術、子育て術、鉄道乗りこなし術など、ジャンルを問わず幅広く使えて便利な表現。やや専門的で真面目な印象づけができます。LINE 術、インスタ術など、トレンドの言葉と合わせても◎。

045

完全

例

- 徹底お掃除！お風呂のカビを完全に消し去る方法
- 美は1日にしてならず！「アンチエイジング完全バイブル」

　欠点や不足がなく、すべての条件が揃っているという意味のワード。悩み事をゼロにするという意味合いで使うと、読者は「待ってました」とばかりにクリックするはず。パワーのある言葉なので、「ここぞ」というときにビシッと使いましょう！

046

悩まない

例

- もうカラオケで悩まない！必ず盛り上がる定番ソング20選
- FP直伝！一生お金で悩まないための最強マネープラン

　なんらかの悩みを抱えている読者は、それが解決できそうな記事を見ればビビビと反応を示します。「もう悩まない！」で悩み事からの解放をイメージさせましょう。読者の理想像であり、「自分もこうなりたい」という心理をグイグイ刺激して。

Word
047

まるっと

 例

- FP が**まるっと**解説！住宅購入に必要なプランの立て方
- 思春期の娘が冷たい？中学生の心理を**まるっと**理解する方法

　まとめや解説記事とのワードと相性がいいのが、この「まるっと」というワード。ひとくくりにされていて、情報が凝縮されているようなイメージを印象づけます。ポップな印象も与えるので、小難しい内容でも、読者の心理的ハードルを下げてくれます。

Word
048

手っ取り早く

 例

- **手っ取り早く**美人になる方法とは？
- **手っ取り早く**「年収を上げる方法」がないか調べてみた！

　「手間がかからない」という意味のワード。難しいことは抜きにして、サクッと欲しい情報にたどり着きたいという読者にはうってつけ。難しいとされていることも、この記事を読めば楽に解決できます、というメッセージをタイトルに込めましょう。

○○ならコレ！

> 例
>
> ● 子連れ旅行ならコレ！先輩ママが教える必須アイテム４つ
> ● キレイを保ちたいならコレ！40代の肌が潤うスキンケア
> ● 本を読むならココ！神保町の「昔ながらの喫茶店」５選

　オススメの商品やサービスを紹介する記事は、しっかり読者に届けたいですよね。「○○ならコレ！」は「これを知りたい」と思っている読者のハートに、ピンポイントでアプローチできるワードです。「あなたが探している情報はここにあります」と訴えかけることができます。

　○○には読者の悩み事や、知りたい事をストレートに入れましょう。「○○したいならコレ！」というふうに、読者の願望を入れてもよいでしょう。ターゲットの気持ちを代弁するように、タイトルを作ってみてください。

　応用で「○○ならココ！」とすれば、スポット紹介にも使えます。「○○ならこの人！」とすれば、人物を紹介する記事にも応用可能。幅広く使えるので、重宝する表現ですよ。

<u>Word</u>
050

見分け方

⋯⋯ 例 ⋯⋯⋯⋯⋯⋯⋯⋯⋯⋯⋯⋯⋯⋯⋯⋯⋯⋯⋯⋯⋯⋯⋯⋯⋯⋯⋯⋯⋯⋯⋯⋯⋯

● 女性を騙（だま）す「ワルい男」の<u>見分け方</u>・5つ

● 買い物に便利！「新鮮野菜の<u>見分け方</u>」まとめ

　たくさんあるものの特徴を比べる記事に。数ある選択肢の中から、読者にとってベストなチョイスをしてもらいましょう。タイトルには数字を入れて、記事の情報量を読者にアピールして。似たような言葉に「選び方」があります。

<u>Word</u>
051

自慢

⋯⋯ 例 ⋯⋯⋯⋯⋯⋯⋯⋯⋯⋯⋯⋯⋯⋯⋯⋯⋯⋯⋯⋯⋯⋯⋯⋯⋯⋯⋯⋯⋯⋯⋯⋯⋯

● つい<u>自慢</u>したくなっちゃう！かわいすぎる文房具ランキング

● おうちがビストロに変身！シェフのご<u>自慢</u>レシピ・4選

　自慢ばかりする人は嫌われますが、タイトルに「自慢」というワードがあると、読者はつい反応してしまいます。「誇れるほどよい情報がある」と、含みを持たせることができるのです。「専門家」と合わせて使うのも、説得力が増します。

Word
052

メカニズム

例

- アメリカの景気が日本に影響してしまう5つのメカニズム
- メカニズムついに解明！不治の病が新薬で治る日

　一見、難しそうな物事の「仕組み」をわかりやすく解説する記事にぴったり。政治・経済に関する世の中の動き、医療分野ではカラダや薬の仕組みの解明、地震や台風といった自然科学にまつわる分野など、多方面のアカデミックな記事と相性◎。

Word
053

相場

例

- 不動産会社が暴露！「東京都内の家賃相場」4つの間違い
- 相場はどれくらい？ 30代夫婦の「結婚準備金」を調査してみた

　世間でだいたい妥当とされる金額のこと。特に大きな買い物をするときは、まずは相場を調べる人も多いはず。そんな読者のために、相場について解説する記事を発信しましょう。2つ目の例のように、年齢層と掛け合わせた記事も人気があります。

3

知識

「なぜ、なに、どうして？」
日々湧いてくる疑問に答える記事は
ＰＶアップにつながります。
読者の知識欲を満たす
バズるワードを紹介します。

054

メリット

⎛ 例 ⎞

● マンションを購入することで得られるメリット・4つ

● メリットはコレ！あえて遠回りして帰るとラッキーな理由

● 新入社員が「自宅で仕事をするメリット」を考えてみた

　ある物事を行うことで得られる「よい点」のこと。得する情報にはつい反応してしまう私たちですから、タイトルで「あなたはこの記事を読めば得しますよ！」とアピールすることは、とても大切です。「メリット」というワードを使えば、よい情報があると包み隠さず読者に伝えられるのです。

　なんとなく察しがつく内容はもちろん、一見メリットのなさそうな事柄とも合わせてみましょう。読者は「どうしてメリットがあるんだろう？」と気になって、クリックせざるを得ません。ギャップがあればあるほど、PV の爆発力は増します。

　タイトルには、具体的なメリットの数を入れるのも効果的。記事では、できるだけたくさんのメリットを届けて、読者の人生を豊かなものにしてあげましょう。

055

共通点

例

- 資料はシンプルがいい!? 成功するプレゼンの共通点とは
- あなたは大丈夫？なかなか痩せない人の4つの共通点

　ある複数のものが持つ同じ性質のこと。Webの記事では、読者が求める物事の共通点や、読者が理想とする人物の共通点に関する記事は人気があります。逆に、読者がなるべく避けたいと思っていることの共通点を並べて、注意喚起をするのもオススメ。

056

理由／ワケ

例

- 一体ナゼ？若者が「テレビ」を見なくなった4つの理由
- あなたがダイエットをしてもなかなか痩せないワケ

　普段、何気なく疑問に思っていたことを、Webの記事で見つけるとついクリックしたくなるものです。物事の理由を単に説明するだけでなく、悩みを解決する記事にも有効なワード。「理由」は堅めのイメージ、「ワケ」はカジュアルな雰囲気になります。

057

特徴

例

- 一瞬で人の心をとらえる！「第一印象がよい人」4つの特徴
- あなたは大丈夫？「娘に嫌われるパパ」の特徴
- 表向きは優良？「ブラック企業」にはこんな特徴があった！

　物事の目立つ性質のこと。Webでは、ある物事の特徴を並べる記事はとてもポピュラーです。良くも悪くも「目立つ」ということで、ポジティブな記事、ネガティブな記事、両方に使用できる便利なワードです。

　数字と相性がよく、「○つの特徴」というタイトルは定番中の定番。こちらのタイトルを使う場合、記事の構成もシンプルなので、ライティング初心者にもオススメのテーマです。

　物事の特徴だけでなく、「〜な人の特徴」というふうに人間の特徴を並べる記事も人気を博しています。読者が持っている理想の姿をタイトルに入れたり、逆に読者の「こうはなりたくない」という姿を取り上げて、注意喚起をする記事に仕上げてもよいでしょう。

Word
058

方法

> 例

- 好きなものを食べながらダイエットする４つの方法
- 必ずヒットする商品を企画できるシンプルな方法とは

　ハウツー記事にピッタリな定番のワード。「方法」の前には、読者の悩みや知りたいことをストレートに書くのがコツです。読者はどんな言葉で検索をかけているのか、想像をめぐらせていきましょう。いくつの方法があるかをタイトルに明記しても。

Word
059

条件

> 例

- 35歳の女性が婚活で成功するための条件・４つ
- 世界ナンバーワン企業に成長するための絶対条件とは

　物事が成立するための項目のこと。読者が達成したいことをストレートにタイトルに入れて、ビシッとアプローチしましょう。数字と相性がよいですが、あまり大きい数字を入れると読者が「難しそう」と引いてしまいます。４〜６つあたりが適当でしょう。

060

基本／キホン

 例

- 自分のスタイルを魅力的に見せる基本のポーズ・4選
- 今さら聞けない！「株式投資の基本」まとめ
- 男性必見！女性を初デートで喜ばせる3つのキホン

物事のベースのこと。「何かを始めるには基本が大切！」と思う人は多いように、Web 記事の中でも非常に人気のあるテーマです。

タイトルには、読者が知りたいと思っていることを、ストレートに書くことが重要。世間では難しいと思われている内容でも「基本」というワードが入れば、読者の心理的ハードルは下がり、クリック率は上がっていきます。

バリエーションが豊富なので使い勝手もバツグン。「基本の○○」という使い方や、数字と合わせて「〜つの基本」というもの、ちょっとポップに「キホン」とカタカナで表現してもよいでしょう。ターゲットと相性がよさそうな言い方を、上手く使い分けていくのも PV アップのコツです。

Word
061

雑学

> 例
>
> ● 鉄の塊_{かたまり}なのにどうして落ちない？「飛行機」9つの雑学
> ● 【雑学】北極と南極では、南極のほうが寒い

　いろんな学問や知識のこと。ちょっとした時間の話のネタになるので人気のあるテーマ。1つ目の例のように、誰もが思っていそうな疑問をタイトルに入れてもいいですし、インパクトのある雑学ならば、2つ目のようにそのまま書くのもオススメです。

Word
062

トリビア

> 例
>
> ● 会話に困らなくなる！クスッと笑えるトリビア20選
> ● 【意外なトリビア】フランス人も「マクド」と呼ぶ

　思わず「へぇ」と言いたくなる雑学。「トリビア」を扱う番組が人気だったことで、読者はこのワードに親近感を持つようになりました。タイトルに内容をそのまま書いてしまうという手も。「そうなんだ！」という気持ちと共に記事をクリックしてくれますよ。

063

◯◯と△△の違い

> **例**
>
> - お金が貯まる人と貯まらない人の違い・4つの特徴
> - 「プロポーズされる女」と「彼女どまりの女」の違いとは
> - 知ってた？「ウィンナー」と「ソーセージ」の違い

　2つの似て非なるものの情報を比べた記事に使えるタイトル。単なる豆知識はもちろん、ライフスタイルの記事でも大きく効果を発揮します。

　「◯◯な人と△△な人の違い」というふうに、人のタイプを比べる記事も好まれます。例にある「お金が貯まる人と貯まらない人の違い」のように、一方がポジティブで一方はネガティブと、相反するものを入れるとクリックを誘うタイトルに。ほとんどの人は「お金の貯まる人になりたい」という気持ちがあるので、そのアドバイスをやや多めに書きましょう。読者の深層心理にある願望を読み取って、記事のテーマを立てるとよいでしょう。

　比べる対象はカギカッコでくくるとよく目立ち、読者の目に留まりやすくなります。

Word
064

なぜ◯◯なのか

例

- ルーツに秘密あり？なぜ秋田県には美人が多いのか
- なぜあなたは運動しているのに1kgも痩せないのか

日頃から気になってはいた小さな疑問。社会的な問題や、自分の頭の中にあった「なぜ〜」がそのままタイトルに書かれていると、人はクリックしたくなります。豆知識だけでなく、2つ目の例のように読者の悩み事をストレートに書いてもよいでしょう。

Word
065

意味

例

- 解釈が正反対！？アノ名画に隠されていた5つの意味
- 「意味わかんない！」と叫びたくなる彼の浮気の言い訳集

ある物事の意味を解説する記事にぴったり。それだけでなく2つ目の例のように、タイトルにインパクトを出すためのセリフとしても活用してみてください。筆者の心の叫びにビックリして、読者は「何事？」とつい記事を読んでみたくなるはずです。

066

豆知識

> **例**
> - 旅行で得する！新幹線の意外な豆知識４選
> - 【今日の豆知識】すべてのゴリラは血液型がＢ型である

　読者が得する豆知識の記事はとても人気があります。誰かに話したくなる話題をプレゼントする気持ちで書きましょう。２つ目の例のように、タイトルにそのまま書くのも◎。インパクトが大きいほど記事を見たくなります。

067

○○ってホント？

> **例**
> - 無料ってホント？大人がタダで遊べる都内スポット・４選
> - 刺身のワサビは「醤油に溶かさないほうがいい」ってホント？

　小さく驚いたような表現は、２通りの使い方があります。まずは、１つ目の例のように、タイトルの最初に入れて、読者の注意を引くもの。もう１つは、○○の中に意外な知識を入れて解説記事に誘導するものです。漢字で「本当」と書いてもよいでしょう。

068

◯◯の日

例

● 【8月2日はパンツの日】下着の正しい洗濯の仕方とは？
● 発表！「母の日」の人気プレゼントランキングTOP10

　歴史的な意味を持つ記念日からゴロ合わせまで、毎日、何かの日が設定されているのを知っていますか？　意外性があればあるほど、タイトルでは目立ち、読者に面白がってもらえます。「◯◯の日」がまとめられているサイトもあるので、ぜひ活用を。

069

判断基準

例

● 判断基準はコレ！投資のプロが教える売りのタイミング
● 大手企業の人事に聞く「合否の判断基準」4つ

　物事を決めるための要素のこと。読者が知りたいと思っていそうなネタをピックアップして解説しましょう。使用するとやや堅めの印象になるので、お金やビジネス系の記事と相性がいいでしょう。数字と合わせて使うのもオススメです。

Word
070

言動

例

- 100年の恋も冷める！男性がドン引きする女性の言動4つ
- ホウレンソウを怠らない！上司に好かれる部下の言動とは？

　発言と行動を合わせた意味の言葉。恋愛記事をはじめ、友人、会社など人間関係の「好き・嫌い」を扱う記事と相性のよい言葉です。ネガティブ記事では注意喚起をするつもりで、必ず「そうではなく、こうしましょうね」というフォローを入れましょう。

Word
071

サイクル

例

- これから景気は上がるのか？「経済発展のサイクル」まとめ
- いつまでもラブラブじゃない？夫婦恋愛4つのサイクル

　物事が移り変わる周期を表す言葉。長い期間の中で起きる物事や、周期が関係することを取り上げる記事に使用しましょう。ビジネスなどのお堅い記事から、ライフスタイルのゆるい記事まで、幅広く使える万能なワードです。

Word
072

プロセス

⌐ 例 ⌐

● 会社を辞めて起業するための7つのプロセス

● 株取引を始めよう!口座開設の簡単なプロセス図解

　物事を進める手順のこと。やり方に悩む読者へ向けて、分かりやすくアドバイスしてあげましょう。数字を入れて工程の数をタイトルで見せてあげたり、「簡単」「シンプル」といった言葉を使って、読者の心理的ハードルを下げるとさらにベターです。

Word
073

対応

⌐ 例 ⌐

● ピンチ!クライアントが激怒しているときの4つの対応

● 面倒臭いママ友が現れたときの魔法の対応策とは

　何かトラブルが起きたとき、あわててネットで対応策を検索する人は多いものです。そんなときにこのワードを見つければ、藁にもすがる思いでクリックしたくなるはずです。読者に起こり得そうなトラブルを想定して、情報を発信していきましょう。

Word
074

サイン

例

- 表情に注目！夫が浮気しているときの４つのサイン
- ワンワン！犬が飼い主に心を許しているキュートなサイン

　物事の兆候を表すワード。ポジティブな記事にも使えますが、ネガティブな記事と組み合わせると、さらにパワーが増します。数字とも相性がよく、目を引きます。チェック項目のような見せ方にして、記事を作っていくとよいでしょう。

Word
075

例

- みんなから信頼を得る「聞く力」を鍛える方法
- 女子力アップ！気分がアガる「美食レストラン」BEST5

　何かのスキルを意味する表現。「聞く」など動詞と合わせると、ビジネス書のような引き締まった表現になります。もちろん「観察力」のように名詞と合わせても◎。最近では、「女子力」のようにカジュアルな表現も流行しています。

Word
076

知っておくべき

⎯ 例 ⎯

- ダイエットするなら知っておくべき 9 つの真実
- 人気 FP が伝授！知っておくべき「マイホームの節約術」

　何かを始めるとき、やみくもに知識を収集するのは面倒。誰かから「コレは知っておいたほうがいいよ」と教えてもらった方が助かりますよね。タイトルに専門家が入っていれば説得力が上がり、読者の期待感を煽ります。「知っておきたい」とするのも◎。

Word
077

知ってた？

⎯ 例 ⎯

- 知ってた？ 20代 OL がこぞって愛用する美容サプリとは
- 「知ってた？」と思わず聞きたくなる人体のトリビア50

　「知ってた？」とタイトルで問いかけて、読者の心をつかみましょう。友達のように軽い感じで問いかければ、心の距離が近づきます。最新情報やお得な情報と相性がよいワード。また、自社の商品をアピールするときも役に立つでしょう。

Word
078

もう○○した？

（例）

- **もう行った？**今年インスタでよく見る話題スポット4選
- **もう食べた？**若い女性がこぞってハマる「豆腐スイーツ」とは

　すでに話題になっていることに対して、「もう○○した？」と読者に呼びかける手法。トレンド紹介やPR記事と相性バツグン。「みんなやっているなら、自分もやりたい！」という心理をグイグイ突っついていきましょう。

Word
079

誰にも教えたくない

（例）

- **誰にも教えたくない！**グルメ芸能人が通う金沢の寿司屋10選
- 美魔女が「**誰にも教えたくない**」と独占する超若返りコスメ

　誰にも教えたくないほど、優良な情報が書いてあることを匂わせます。門外不出のシークレットな特別感は、読者の好奇心を駆り立てるのです。誰が教えているのか、情報元も書けば説得力が上がり、さらに読者の興味を引きますよ。

Word
080

普通とは少し違う

例

- ビックリ!普通とは少し違う「変化球なプロポーズ」5選
- 「普通とは少し違う味つけ」で彼の胃袋をつかむレシピ集

「普通とは少し違う」と言われると、「じゃ、どんなもの!?」と気になるのが人間。期待感を煽って記事のクリック率を上げましょう。珍しいものを紹介すれば、PVアップが期待できます。くれぐれもタイトルではネタばらしをしないようご注意を。

Word
081

向上

例

- 語学力が驚くほど向上する3つのシンプルな勉強法
- カリスマ営業マンが教える「成績を向上させる習慣」5つ

何かが上がることを意味します。単純に「上がる」と書くよりも、実直な雰囲気が出ます。何かを向上させるのは難しいものと思われがちですから、タイトルでは読者に「簡単そうだな」と思わせることが大切。読者の成長意欲を刺激しましょう。

Word
082

天才

・・・例・・・

- **天才**フォトグラファーが教える「超盛れる自撮り」の裏ワザ
- あの経営者も太鼓判！わが子を「**天才**」に育てる5つの方法

　生まれながらにして、極めてすぐれた能力を持っている人のこと。「天才が教える」ともなれば、気になってしまうものです。そのワザをシンプルに伝授してあげましょう。また、子育て記事では「天才に育てる方法」が定番の人気テーマになっています。

Word
083

才能

・・・例・・・

- 神が与えた**才能**！小5で世界チャンピオン誕生の意外な背景
- まずはコレだけ！わが子の**才能**を伸ばすたった1つの方法

　物事に対する素質や能力のこと。学問や芸術、スポーツなど才能の持ち主は、Web記事であっても人を引きつける力があります。こちらも子育て関連で人気のテーマ。タイトルでは「そう難しくないこと」を伝えて、読者の心理的ハードルを下げましょう。

4

お得・特別

この記事を読むと
得すると確信させれば
読者はクリックしてくれるはず。
「お得感」や「特別感」を感じさせる
バズるワードを紹介します。

084

コスパ

例

- デートや接待に使える！コスパ最強のレストランBEST10
- 高コスパ！安くてオシャレな髪型にしてくれる原宿の美容室
- 恋愛は"コスパ"が悪い？若者が恋人を作らない理由とは

コストパフォーマンスの略。払った価格に対してそれ以上の価値を得られることを「コスパが高い」、逆に価格に見合わないことを「コスパが低い」といいます。

「コスパ」という言葉が使われだしたのはここ数年ですが、景気が思わしくない時代だけに、現代人はコスパに敏感です。このワードを見るだけで、ついつい反応してしまう人もいるほどパワーがあります。商品やサービスを紹介する記事に、ぜひ使ってみてください。

もちろん読者はコスパの高いものが大好きです。「高い」という表現だけでなく「コスパがよい」「コスパ最強」「コスパ抜群」などの表現もあります。カタカナ3文字なので、タイトルの雰囲気を明るくポップにしてくれますよ。

Word
085

予算

例

● 予算1万円で泊まる！食事が極上においしい温泉旅館4選

● 結婚式、何を重視する？「式場選びの予算」5パターン

お金の使い方に慎重な人も多いですよね。何をするのにも、何を買うにも「一体いくらなんだろう」と予算を気にしがち。そこで具体的な予算を紹介してくれる記事はとてもありがたいのです。タイトルに詳細な金額を入れると、読者の目を引きます。

Word
086

安すぎる

例

● 「安すぎる！」と話題のセールが明日9時からスタート

● 1泊1000円！？噂の「安すぎる宿」に泊まってみた

読者は安いものが大好き。タイトルに「安い」と書くのもいいですが、それより一歩進んだ「安すぎる」という表現にしてみては。大きなインパクトがあり、「なんだ？」と読者は目を奪われます。冒頭で「安すぎる！」と叫ぶタイトルも面白いでしょう。

087

お得

⊙例

- ●【注目】旅の達人に聞く！お得な「ホテル選び」の方法とは
- ● ちょっと高額な占いを「お得に」受けられる３つの裏ワザ
- ● 超〜お得！人気アイテム期間限定50％OFFセール開催

　買い物をするならなるべく安く、お得に買いたいですよね。スーパーや街中ではもちろん、テレビ、新聞、雑誌でも、「お得」という文字を見たら思わず食いついてしまうのではないでしょうか。

　もちろん、Webの読者も「お得」というワードは大好物。何げなくWebサイトを見ていても、この２文字があれば、ついついクリックしたくなるのです。タイトルに「お得感」を出すことは、PVを上げる定番のテクニックでもあります。

　「お得」の使い方はバリエーションも豊富。「お得！」とタイトルの冒頭につけて読者の気を引くのもよいし、「お得な」「お得に」と変化させてもいいでしょう。２つ目の例のように「お得に」をカギカッコでくくって目立たせる方法も有効。読者のハートをくすぐるアプローチをしていきましょう。

Word
088

ポッキリ

> 例

- 5000円ポッキリ！安くても快適に泊まれる話題の旅館とは
- 実際どう？1万円ポッキリで買えるPCを動かしてみた

キリのいい金額のあとにポッキリを入れると、「たった○円」という意味合いも含まれ、極めてお得な印象を与えることができます。ちょっと昔風の言い方ですが、逆にそれが面白味をアップ。カジュアルで親しみやすい空気感を出してくれます。

Word
089

買い！

> 例

- 全力で買い！1年以内に価格が10倍になる株式銘柄5選
- 【セール情報】今が買い！スーツ3着で1万円と激安

商品をPRする記事に使える表現。相場と比べて安かったり、これから価値が上がるなど「今が買いですよ！」と期待を煽るようなタイトルを作ることができます。「このタイミングを逃すまい！」と、その勢いに押されてクリックしたくなるというわけです。

<u>W o r d</u>
090

無料／タダ／0円

- 【無料】見ないとガチで一生後悔するネット動画10本
- 超人気アーティストのコンサートをタダで鑑賞する方法とは
- まさかの0円!有名講師のセミナーが今月だけタダで開講

　読者は「安いものが大好き」とお伝えしましたが、「無料」にかなうものはありません。このワードを見つけたら、たとえ興味のある内容でなくても反応してしまうのが人間でしょう。「無料」は最強のアピール材料なのです。

　無料の商品・サービス・イベントを紹介・告知するときは、タイトルに「無料」を入れるのを忘れずに。隅つきカッコに入れて【無料】とするのも、大きなインパクトを与えます。また「信じられない!」などのセリフを一緒に入れれば、よりお得さが強調されてクリックしたくなります。

　応用で、無料と同じ意味の「タダ」は、カタカナだけにカジュアルな印象。「0円」とするとリアリティを出すことができます。ターゲットや、記事の雰囲気に合わせて使い分けてみましょう。

Word
091

イチオシ

例

- 美容師100人に「**イチオシのシャンプー**」を調査してみた
- 【**編集部イチオシ**】行ってよかった癒やしの温泉地・7選

何かの商品やサービスを紹介する記事に、「誰かがオススメしている」というニュアンスを加えることができます。専門家、筆者、編集部など具体的に誰がイチオシしているのか書けば、さらに説得力を強めることができます。【】に入れて目立たせても◎。

Word
092

ボロ儲け

例

- あなたもこれで**ボロ儲け**⁉ 新感覚の副業マーケット3選
- 実録！株で「**ボロ儲け**」した人に話を聞いてみた結果

何かウマい話があってお金が儲かるとしたら……ついつい飛びつきなくなってしまうのが人間（笑）。少し俗っぽい表現になりますが、これくらい遊んでもWeb記事では歓迎されます。仕事や投資など、お金絡みの記事と相性バツグンです。

093

コンビニで買える

 例

- コンビニで買える！旅先での便利アイテム BEST10
- おデブにさよなら！コンビニで買える４つのダイエット食材
- コンビニで買えちゃう！顔のシミを消す優秀コスメ徹底調査

　食品はもちろん日用品など、私たちの生活に欠かせないものを販売するコンビニ。24時間365日開いており、急を要した際にも手軽に買い物できるのが魅力ですよね。まさにコンビニは「便利さ」の象徴なのです。

　買い揃えるのが大変だと思われている商品や、コンビニにはないと思われている商品を記事で紹介しましょう。タイトルでは包み隠さず「コンビニで買える」と書いてしまいましょう。コンビニとのギャップがあるほど、記事の爆発力は上がります。

　忙しい現代人のためのライフハック記事とコンビニは、とても相性がよいです。タイトルには読者の関心事をストレートに書いて、それがコンビニで解決できるといった内容にしましょう。ターゲットに合わせて「買えちゃう」など、語尾を変えても◎。

Word
094

100均で買える

例

- 腰痛を解消！100均で買えるリラックスグッズ・4選
- コレも！？100均で買える超意外なキッチン用品BEST10

生活が楽になる便利グッズや、コスパのよいアイテムも豊富な100円ショップ。たった100円で手に入るオススメ商品の紹介記事は、Webでは人気があります。気軽に買える印象があるので、読者の心理的ハードルが下がり、クリック率も上がっていきます。

Word
095

殿堂

例

- 店員が「殿堂入り！」と叫ぶ超人気バッグとは
- メイクさんはみんな持ってる！愛され殿堂コスメ4選

とっても優秀なアイテムを紹介するときに使いたいワード。長い間ランキングのトップを走っていて、他と比べるまでもなく優秀、という強い印象を与えます。「殿堂入り」という言葉はもちろん、「殿堂コスメ」など具体名を組み合わせても使えるワードです。

Word
096

注目

例

- 注目！５歳若返って見える"詐欺メイク"マニュアル
- 芸能界に新風！注目のブレイク俳優ランキングTOP20

　読者に注目してほしいときは、ストレートに「注目！」とタイトルで叫んでしまいましょう。読者の目は素直にそちらに吸い寄せられるから不思議です。「注目の○○」「注目したい○○」など、さまざまな表現で使うことのできる便利なワードです。

Word
097

狙い目

例

- ここが狙い目！資産を100倍にする仮想通貨・4選
- 今週末が狙い目！お花見を快適に楽しめる場所はココだ

　知識を持った人が注目している商品・サービスなどを、有益な情報として紹介するときに使えるワード。有名になる前に狙いをつける"青田買い"のニュアンスを出すことができます。レジャーに最適な時期や穴場スポットを紹介する記事にも。

Word
098

こんなの欲しかった

例

- **こんなの欲しかった**！重い荷物が軽く感じる不思議リュック
- 料理嫌いの主婦が「**こんなの欲しかった**」と叫ぶ便利アプリ

　求めていたアイテムと出会ったら「こんなの欲しかった！」とつい叫んでしまいますよね。そんなお悩み解決シーンを先取りしたセリフに、読者は「どんな商品だろう」と興味をかき立てられます。具体的に何が解決するのかをタイトルに入れましょう。

Word
099

○○な人必見！

例

- 留学したい**人必見**！格安で行けるアメリカの語学学校5選
- 抜け毛に**悩む女性必見**！地肌に栄養を与えるヘアケア剤

　読んでほしいターゲットを、そのまま一本釣りできるワードです。○○には、年齢や性別、職業などの属性を入れたり、彼らの思いをストレートに書くと強く共感を呼びます。細かければ細かいほど、読者のハートに刺さりますよ。

Word
100

◯◯な時がチャンス

例

● 人生に迷った時がチャンス！あなたを勇気づける20の言葉
● 今がチャンス！海外旅行にタダで行ける太っ腹キャンペーン

　読者に何かのチャレンジを後押しする記事に。あらゆるライフハックの記事に使えます。タイミングを読むのが難しいとされている転職や恋愛、投資等の記事にも応用可能。「今がチャンス！」とすれば、キャンペーンの告知記事にも使えます。

Word
101

知らなきゃ損

例

● 知らなきゃ損！高級ブランドを半額以下で買える方法とは
● 生活が超快適に！「知らなきゃ損」な最新便利グッズ10選

　読者は得する情報にも敏感であり、損することにも敏感。「知らなきゃ損」という言葉を聞くと、「教えて！」と前のめりになりますよね。商品のPRはもちろん、あらゆる知識の共有に便利な言葉です。できるだけ損をしたくない心理を突いていきましょう。

Word
102

今だけ

例

● 今だけファミリーは入場料半額！動物園のペンギン祭り開幕

● 今だけ！最新ファッションが30％OFFでゲットできる

タイミングを「今」に限定するワード。今しかないと言われると、どうしても気になってしまうもの。今がベストタイミングというショッピングや旅行、セールの情報にもピッタリのワードです。期間限定キャンペーンの広告記事にも役に立つでしょう。

Word
103

ここだけ

例

● 聞けるのはここだけ！超有名講師のセミナーに50名ご招待

● 世界でここだけ！水面が7色に変化する神秘的な湖とは

「ここ」だけの場所を限定するワード。その場所でしか買えないものや体験できないものがあると聞くと、ついつい気になってしまいます。商品PRや、イベント・セミナーの告知記事にぴったり。観光名所を紹介する記事でも効力を発揮します。

Word
104

レア

例

- 価格10倍！？オークションでバカ売れのレアなアイテム
- 激レア！超人気アイドルの撮影オフショット10連発

　貴重で珍しいものを表現するワード。「レア」と聞くと、さぞかし特別で魅力的なものなのだろうと思い、「ちょっと見てみたい」という好奇心が刺激されます。価値の高い限定品をアピールしたり、イベントの告知文とも相性がいいでしょう。

Word
105

プレミア

例

- 一体いくら？「人気漫画家のサイン」プレミア価格がスゴイ
- プレミア級の美しさ！アノCMに出ている女性の意外な正体

　とても価値が高く貴重なものを表すワード。読者は「一体どんなもの？　いくら？」と興味を示します。実際プレミアはついていなくても、それと同等の高い価値があるという意味でも使えます。「プレミアつき」「プレミア級」などの表現でも◎。

Word
106

限定

例

● 急げ！人気カフェの100個限定アイテム、明日から販売

● 女性限定！TOEICのスコアが300上がる人気英語塾

　人は「限定」に弱いものです。この2文字があると、「おやっ」と興味をそそられますよね。「限定品」や「期間限定」はもちろん、「女性限定」「30代独身限定」など属性をしぼってタイトルに入れるのも◎。商品やサービスのよいアピール材料にしましょう。

Word
107

日本上陸

例

● 【映画】日本上陸！全米が泣いた家族と愛犬の物語

● お待たせ！アジアを席巻した大人気コスメが日本上陸

　海外で話題のヒット商品が日本にやってくるときの記事に。ものやサービスはもちろん、映画などエンタメ紹介の記事でもおなじみですね。女性は海外のトレンドに敏感な人も多く、ファッションやコスメ、美容商品、グルメ記事とも相性がいいでしょう。

Word
108

海外セレブ

⊙ 例

- 海外セレブが指名買い！人気の通販スムージー BEST3
- そこまでやる！？海外セレブの珍ファッション10選

　海外セレブに憧れる日本人女性は多く、タイトルに「海外セレブ」とあると、ちょっと覗いてみたくなるのが女ゴコロ。彼女たちの華やかなファッション、コスメやダイエットなど、セレブたちのライフスタイルは、それなりの PV 数をたたき出します。

Word
109

⊙ 例

- 【パリ発】世界で売り切れ続出！フランス伝統のお菓子とは
- アイラインの引き方が肝！CA発メイク術で美人顔に

　ある商品やサービス、トレンド等の発信源を表すワードです。意外なものであるほど、読者の興味の対象になります。読者が憧れを持ちやすい場所や人物などを合わせると注目度がUP。なかでもフランス、外資系企業、CA などが人気です。

110

コラボ

例
- スイーツ×鉄道がコラボ！女性が殺到する観光列車3選
- 意外！海外有名ブランドとコラボした日本の伝統工芸とは？

コラボレーションの略。2つのものが一緒になってアイテムをつくったり、キャンペーンを行う際によく聞かれますね。ポップな響きで読者も反応しやすいワードです。両者にギャップがあればあるほど、インパクトが強くなります。

111

予約の取れない

例
- グルメOLが殺到！「予約の取れない」5つのレストラン
- 【若返り】予約の取れない美容外科ランキング

予約が取れないと聞くと、おいしいレストランや人気のホテルを思い浮かべますよね。たとえ自分に関係ないものであっても「どれほどよいものなのだろう」と興味が湧くでしょう。スポット紹介や、イベントやセミナーの告知記事にもうってつけです。

Word
112

続出

> 例

● 【渋谷】いいね続出！インスタ映えしまくる4つのスポット

● ハマる人続出！座ったら動きたくなくなる悪魔のクッション

　物事が次々と出てくる様子を表すワード。タイトルで使う際は、よいものがどんどん出てくるときに使いましょう。例えばよい評価の口コミや、SNSの「いいね」など。Web読者は評価に敏感ですから、タイトルで分かりやすくアピールしていきましょう。

Word
113

殺到

> 例

● 悩める30代婚活女子が殺到！人気の美容室を訪ねてみた

● 預金を返せ！銀行の新制度に批判が殺到するワケ

　たくさんの人や意見などが一度に押し寄せること。人気が高まっている場所を紹介する記事に◎。誰に人気があるのか具体的に書くと、よりクリック率が上がります。また「批判」などネガティブな意見が集まるときに使うのも、1つの手法です。

5

数字・時代

タイトルに数字を入れると
読者の目が吸い寄せられて、
クリック率がたちまちアップ！
数字を生かして注目を集める
バズるワードを紹介します。

Word

Word
114

ランキング

> **例**
> - 女子大生100人に聞いた「今人気のスイーツランキング」発表
> - 観光客が行ってがっかりした観光地ランキングBEST10
> - 20代女子が独断と偏見で選ぶ「電車内の迷惑行為」ランキング

あらゆるものの順位のこと。ランキングという文字を見ると、上位だけでも見たくなる人も多いのでは？　Web記事の中でも、定番の人気テーマです。

ランキングの記事は幅広く応用可能。売れ筋や人気のアイテムはもちろん、スポット、タレント、サービスや、ユニークなものでは「びっくり」「あるある」「残念なもの」をランクづけをするなど、幅広いジャンルで記事を作ることができます。

「○○に聞いた」など調査元や人数をタイトルに書くと、リアリティが増してクリック率UPに。アンケートをもとに作成する記事だけでなく、書き手が独自に考えたランキングを発表しても面白いでしょう。Webの記事では、項目は多くても10くらいまでが、読みやすい長さです。

Word
115

No.1

例

● 全国予約数 No.1！著名人も愛する「いろは旅館」の魅力とは？

● 最も売れたコスメ No.1 は？ 2018年の美容大賞を発表

「結局のところ、何が一番よいのか？」。これは多くの読者が知りたがっていることです。書き方は、第1位、ナンバーワンなどいろいろありますが、最もオススメなのは「No.1」。アルファベット＋数字なので、よく目立ち、読者の目もとらえやすいです。

Word
116

2位は○○、では1位は？

例

● 2位はラーメン、では1位は？好きな国民食ランキング大発表

● 2位は浮気、では1位は？JDに聞く恋人の許せないところ

ランキング記事のタイトルに。2位の答えをあらかじめ見せて、1位を当ててもらうクイズ形式。読者に問いかけることで楽しさがにじみ出ます。答えが分かった読者も、見当がつかない読者も、結果が気になって思わずクリックしてしまうでしょう。

Word

Word
117

○○人に聞いた

> 例

- ●【調査】丸の内OL1000人に聞いた！好きな俳優ランキング
- ●平成生まれ1万人に聞いた「面倒くさい昭和の習慣」とは？
- ●アメリカの小学生256人に調査！「将来なりたい職業」BEST10

「自分はこうだけど、他の人はどうなんだろう？」と、誰かの意見を聞いてみたくなるときってありませんか？　そんな読者の願望を満たす「調査記事」は、Webでは人気テーマです。

調査記事のタイトルは、「誰」に調査したか、調査の対象も書きましょう。性別・年齢・職業などの属性はもちろん、「どこの」という地名も読者の興味の対象です。日本だけでなく、外国の調査も目立たせてよいでしょう。細かく書くほどリアリティが増して、関心が集まります。また内容にも説得力が増して、興味深い記事が完成しますよ。

対象者の人数はきっちり入れるのがポイントです。おおよその数ではなく、1の位まできっちりと書きましょう。総人数の具体的なイメージが伝わり、読者の目をキャッチすることができます。

Word
118

BEST○

例

● 東大生に一斉調査！就職活動で大変なことあるある **BEST5**

● 何歌う？ 30代OLに人気のカラオケランキング **BEST10**

ランキングを発表する記事に。カタカナで「ベスト」と表記するより、アルファベットのほうが目立ちます。数字は3や5、10が読みやすい情報量です。インパクトで勝負したいなら「BEST100」なんて記事もアリ。読者が「おやっ」と反応するはずです。

Word
119

日本（世界）三大○○

例

● **日本三大**名泉の1つ！秋の「草津温泉」を堪能しよう

● あなたはいくつ言える？誇り高き「**世界三大**美術館」とは

日本を代表するものを3つ集めた「日本三大○○」。雑学または教養として「知りたい」という読者の知識欲を刺激します。観光地や食べ物など、旅行関連の記事と好相性。応用で「世界三大○○」を発信するのも、読者は興味をそそられます。

120

- びっくり！浮気をしたことがある人は65.9%いると判明
- こんなに高いの！？シニア世代の SNS 使用率は40.0%
- リピート率99.8%！マイナス5歳肌になれる「秘密の化粧水」

　調査を発表する記事は、結果の数値をタイトルで見せてしまいましょう。「○○の割合とは？」と変に隠してしまうよりも、読者に大きなインパクトを与えることができます。読者は「そうなんだ！」という驚きとともに、クリックして記事の詳細を読みたいと思うはずです。

　結果はパーセントで表すのが最もスタンダードな方法。このときの数字は、小数点第1位までタイトルに入れましょう。65.9％という結果が出たら、65％ないし66％とするよりも、例のように65.9％とそのまま書くこと。数字は目立つので、他の記事タイトルに埋もれてしまうことがありません。

　結果が20％というきりのよい数字でも、20.0％と表現するのがオススメ。データを細かく書くことで、説得力が生まれます。

Word
121

◯割

例

● そんなに少ないの？結婚したい若者はわずか**3割**

● 意外！結婚したい若者はなんと**3割**もいることが判明

　調査結果を割合で示す方法。例は両方「3割」という結果ですが、「わずか」や「たった」をつけて少なそうに表現するか、「なんと◯割も」と多そうに見せるかで、印象が違いますよね。読者の予想を裏切るように、煽る感じでタイトルをつけるとよいでしょう。

Word
122

◯倍

例

● スマホの利用者数、前年比でなんと**5倍**にも増えていた

● 家族でクリスマスを**10倍**楽しむ7つの方法

　調査結果の記事にぴったりの表現。ある2つの数値に倍以上の開きがある場合、「◯倍」と表現しましょう。数の大きさがイメージしやすく、タイトルに迫力が出ます。割合だけでなく、「◯倍楽しむ」など、強調表現にも使える便利なワードです。

W o r d
123

多数

> 例

- 会社の人間関係にストレスを抱えている人が多数いると判明
- 科学的根拠はある？右利きの人が圧倒的多数のワケ

　人や物の数が多いこと。おもに調査記事と相性がよいワードです。読者は「自分が思っていたことと同じだ」と共感すれば記事を読みたくなるし、逆に意見が違っても「なぜそう思うのか」という疑問を持って続きが読みたくなります。

W o r d
124

平均

> 例

- 30代男性1000人に調査！「マイホームの平均価格」が判明
- チョット辛口！？婚活女性に聞く「理想の旦那の平均身長」

　「ほかの人はどうなのか？」を知るための判断材料となる「平均」は、読者の関心を引くワードです。大きな買い物をするときは、まず「平均価格」を調べる人も多いでしょう。価格をはじめ、平均年齢・身長・年収などにも Web 読者は高い反応を示します。

125

支持率

例

- 目玉焼きは「醤油 or ケチャップ」支持率が高いのはどっち?
- 20代OLからの支持率がめっちゃ高い「神コスメ」4選

　人や物に対して、どのくらいの人が支持しているか数値化したもの。政治関連のニュースでよく聞きますね。少々堅いワードにも聞こえますが、要するに「人気度」のこと。流行中の商品やサービスを紹介して、情報感度の高い読者にアピールしましょう。

126

急上昇

例

- 人気急上昇!高校生の成績を上げる新しい学習アプリとは
- 高速バスの利用率が急上昇している3つのワケ

　数値などが急激に上がること。株価や金利などの金融関連はもちろん、人やものに対する「人気度」についても使用可能。トレンド紹介の記事に上手くマッチします。トレンドを常に探し求めている読者たちに好まれるワードです。

127

昭和

> 例
> ● 【画像】あの頃はよかったなとため息が出る昭和の光景50
> ● 昭和生まれ集合！僕たちが胸を熱くした懐かしアニメ10選

　すでに幕を閉じた昭和の時代。Webの読者層には昭和生まれも多く、懐かしさに浸れる記事は人気。また平成以降生まれでも、「昭和はどんな時代だったのだろう」と好奇心をくすぐります。少し古臭いニュアンスも伴いますが、それがまたヨシ！

128

令和

> 例
> ● 経済学者が提言「令和のニッポンはこうなる」
> ● 昔のやり方は通じない！令和男子を落とすテクニックとは

　新しい元号は、読者が反応するワードの1つ。令和は「若い世代、新しい時代」といったニュアンスが加えられ、人気のワードです。ニュースやトレンドを紹介する記事と相性◎。バズるワードの1つとして活躍するでしょう。

Word
129

2020年

例

- 2020年までに英語を流暢に話せるようになる3つの方法
- 2020年の後はどうなる?経済学者に聞いたガチ未来予想図

東京オリンピックの開催年である2020年は、今やすべての業界に共通するキーワードとなっています。政治・経済はもちろん、私たちの生活において大きなターニングポイントとなるであろうこの年に、読者たちは大きな関心を寄せています。

Word
130

○○の時代到来!

例

- AIの時代到来!将来「消滅する職業」はコレだ
- 電子マネーの時代到来!これから流行る節約術を聞いてみた

新しいものやテクノロジー、トレンドを紹介する記事に。従来の方法に比べて画期的な方法が登場した、というニュアンスを加えましょう。未来を切り開く記事で、読書にワクワクした気持ちをプレゼントすることもできますね。

Word
131

時代遅れの

例

- 「時代遅れの仕事術」を語ってくるウンザリ上司の対応法
- あなたは大丈夫?ダサすぎる時代遅れのヘアメイク4つ

やや批判的なイメージのワード。新しい時代が来ると同時に、時代に取り残されていくものも出てきます。「時代の流れに置いていかれたくない」という人も多いはず。そんな"新しもの好き"の心理をグイグイと刺激してくれるワードです。

Word
132

例

- リーマンショックから10年!現在とあの頃を比較してみた
- 専門家が解説!あの大震災から10年目の就職率分析

ある大きな出来事からの年数を数える手法。たとえば経済記事では、2008年のリーマンショックが1つの大きな区切りになっています。ほかにも大きな事件や災害などで、時代の流れを感じさせるタイトルを。数字を入れるだけでも、訴求力が高まります。

Word
133

○○は今

例

● 【衝撃】80年代で一世を風靡した美少女アイドルは今？

● ポケベルは今？ 2018年でも使えるのか調査した結果

　かつて流行したものや人物について取り上げる記事に。懐古するのが好きな人は多いですが、それと同時に、「今はどうなっているんだろう」と疑問に思うことも多いはず。昔と今のギャップが大きいほど読者の反応がよく、SNSでも拡散されやすいです。

Word
134

○○はもう古い

例

● スマホはもう古い！？新しい時代の最強デバイス5選

● スカートはもう古い！最新トレンドファッションまとめ

　タイトルの冒頭に置いて、読者をドキッとさせる表現。読者が愛用するものに警鐘を鳴らし、それにとって代わるものを紹介します。新しもの好きの人、流行に敏感な人の心に刺さります。ライフハックやテクノロジー、ファッション系の記事にぴったりです。

Word
135

トレンド

例

- 女子大生トレンド調査！今年最も流行ると断言されたコスメ
- 日本は遅れてる！？驚くべき世界の金融トレンド7つ

物事の動向や流行のこと。Web記事を読む人は、最新情報や流行にも敏感です。最新トレンドが載っていることをストレートに表現して、読者の興味を引きましょう。国内だけでなく、海外のトレンドに熱い視線を注ぐ人も多いですよ！

Word
136

◯年ぶり

例

- 20年ぶりに復活！懐かしのルーズソックスを履いてみた
- 500年ぶりに発掘された「文化遺産」を見に行く歴史の旅

ある程度の年数を経過して、またその出来事が起こることを表すワード。数字が大きければ大きいほどパンチがききます。ターゲットの嗜好を研究し、「懐かしい！」と驚きの声が上がるテーマをセレクトすると、PVアップが期待できますよ。

Word
137

前代未聞

 例

- ● 前代未聞！商品がすべて半額になる爆買いタイムを見逃すな
- ● 高さ１メートル！「前代未聞の特大パフェ」食べてみた

　今まで聞いたこともないような珍しいことを表すワード。書き手の驚きの気持ちを読者と共有しましょう。「前代未聞！」とそのままタイトルの頭につけるのもよいですし、「前代未聞の○○」という形で使用するのもよいでしょう。

Word
138

○○世代

例

- ● こう見えてナイーブなんです！「ゆとり世代」９つの特徴
- ● ミレニアル世代OLに聞く「ワタシなりの働き方改革」

　生まれた年が近く、考え方や趣味・行動などがほぼ共通している年齢層のこと。社会的に知られている「団塊世代」「ゆとり世代」はもちろん、親しんできたトレンドを当てはめてもよいでしょう。「自分のことだ！」と共感を持ってクリックしてくれます。

<u>W o r d</u>
139

アラサー／アラフォー

⎛例⎞

● 今一番欲しいものは何？ アラサー OL5000 人大調査
● アラフォー男性が好きな女性タレントランキング発表
● アラサー VS アラフォー！女性の幸福度が高いのはどっち？

　人の年代を表すトレンドワード。「アラサー」はアラウンド 30（サーティー）の略で 30 歳前後、同様に「アラフォー」は 40 歳前後のことを意味します。雑誌などでもよく見る非常にキャッチーな言い回しなので、読者との親和性もアップします。

　彼らの年代を対象にした調査記事やトレンド紹介など、さまざまなテーマで使えるでしょう。このワードの直後に性別をつけて「アラサー女性」としたり、職業をつけて「アラフォー医師」とするなど、幅広く応用もききます。カタカナなので、それだけでも目を引くキーワードなのです。

　アラサー、アラフォーと同様に、頭に "アラ" をつけて、50 歳前後を「アラフィフ」、60 歳前後を「アラカン」（"アラウンド還暦" から）とも表現できます。

140

◯歳からでも△△したい！

例

- 50歳からでも留学したい！同世代が集まる海外スクール4選
- 60歳からでも恋したい！ちょい悪オヤジが集まる居酒屋

タイトルに特定の年齢を入れて、ターゲットを一本釣り！ 彼らの欲求を突くことができれば、大きくPVを伸ばすチャンスです。「もう若くないから」と夢をあきらめかけていた読者に、「まだ間に合う！」という励ましの気持ちを込めて書きましょう。

141

50代のための

例

- 50代のための「ライブ配信アプリ」使い方マニュアル
- 【募集】50代のための仮想通貨入門セミナーを開催！

Webには40代までの記事はたくさんありますが、それ以上の年代をターゲットにした記事はまだまだ少ない印象。年代をしぼったアプローチはオススメですが、なかでも「50代」というワードは、一気に注目を浴びるはずです。

年収○○万円

 例

- 意外と質素！？年収1000万円の人の生活を覗いてみた
- 年収300万円でもOK！20代でマンションを買う4つの方法

「あの人いくら稼いでいるんだろう」なんて、私たちは他人の懐 事情に敏感。タイトルに「年収」とあると、無意識に目が行ってしまうのでは？　金額も組み合わせればリアリティが増し、読者の目を一斉にキャッチ。パンチのあるタイトルが完成します。

メール一通

例

- メール一通送るだけ！困った生活トラブルの解決法
- 評価はうなぎ上り？メール一通の報告が喜ばれるワケ

「メールを一通送りさえすればよい」というシンプルな解決法をタイトルで見せてしまう手法。具体的なアクションをタイトルに入れることで、読者は「行動に移しやすそう」と興味を持ってクリックしてくれます。

6

リアリティ

タイトルにリアリティを盛り込むと、
説得力がアップし、
ターゲットへの訴求力が高まります。
読者の好奇心をゾクゾクと刺激する
バズるワードを紹介します。

本当

 例

- あなたが痩せない<u>本当</u>の理由とは？
- 「退屈な生活」に<u>本当</u>にサヨナラできる楽しすぎる趣味4選
- 最近の若者は恋愛が苦手って<u>本当</u>？驚きの調査結果

　表現を強調して、程度がはなはだしいことを意味するワード。筆者の気持ちの高ぶりを表現したり、読み手の感情を煽るタイトルを作ることができます。

　読者に悩みがある場合、それが解決できるとタイトルで思わせたら、読者はたちまちクリックしたくなるはずです。2つ目の例の「本当にサヨナラ」のように、今一度読者に念を押す際に使うのもよいでしょう。

　タイトルを書いて「何か足りないなぁ」と思ったときにも、「本当」を入れると大きく印象が変わります。仕上げのスパイスのように味をビシッと決める「味つけワード」の代表格。イマイチ決まらないタイトルには、試しに「本当」を入れてみましょう。印象が強くなり、読者は心惹かれるはずです。

Word
145

マジ

例

● これをやったら マジ で太らなくなった魔法のダイエット5選

● マジ !? 放送前にお蔵入りになったCMの全貌がヤバイ

「本当に」という意味の若者言葉。普通は形式ばった書き言葉でつけられるタイトルに、話し言葉である「マジ」を使ってみましょう。そのギャップから、読者はドキッとして目を奪われます。不思議と読者との心の距離を近づけてくれるワードです。

Word
146

ガチ

例

● これは ガチ で惚れる！アラサー男子が萌える女性の4つの仕草

● 【注目】政府が ガチ で後押しするAIを使った新サービス

「マジ」と同様に、話し言葉として使われるワード。「本当に」という意味で使われます。かなりくだけた表現なので、タイトル中にあるとギャップが効いて目立ちます。あえてお堅いテーマと合わせて、パンチを出すというテクニックもあります。

W o r d
147

超

┈┈⟨例⟩┈┈┈┈┈┈┈┈┈┈┈┈┈┈┈┈┈┈┈┈┈┈┈┈┈┈┈┈┈┈┈┈┈┈┈

- 100種類以上飲んだ私が超オススメする世界のビールBEST10
- 超カンタン！誰でも作れる「痩せる朝食」4つのコツ

　程度がはなはだしいことを表現する現代の若者言葉。いまひとつ物足りないタイトルに入れると、目を引くスパイスになります。2つ目の例のように、簡単さやシンプルさを強調すると、読者の心理的ハードルが下がってクリック数が増えるでしょう。

W o r d
148

半端なく

┈┈⟨例⟩┈┈┈┈┈┈┈┈┈┈┈┈┈┈┈┈┈┈┈┈┈┈┈┈┈┈┈┈┈┈┈┈┈┈┈

- 半端なく早い！待ち時間たった5分のデリバリーピザが話題
- あのブランドの新作バッグが半端なくカワイイ理由・4つ

　ものすごいという意味で使われるワード。読者に届けたい情報を強調して発信しましょう。2018年のサッカーW杯では類似表現の「半端ない」が話題になり、記憶に残っている人もいるでしょう。トレンドの波に乗るのも、PVアップの秘訣です。

Word
149

本物

 例

● 海外旅行でも怖くない！**本物**のブランド品の見分け方・5つ

● 仕事にも女にも好かれる「**本物**の男」になる4つの方法

　偽物でないもののこと。真偽のほかにも、本格的、一流であることを想像させるワードです。モノ選びにこだわりを持つ人のハートにアプローチを。また2つ目の例のように、読者の理想の姿へ導く記事にも使えるワードです。

Word
150

 例

● **真の**江戸前寿司を味わう！一流の東京の寿司屋・10選

● 誰も気づいていない！ SNSの「**真のリスク**」とは

　「本物の」「一流の」という意味を持たせるワード。ありふれたものとは一線を画した特別感、他とは違うハイレベルなものを想像させます。本物志向でありたい読者の気持ちを刺激することができるでしょう。2つ目の例のように深刻さを表すときにも。

151

本音

- ●「本当は笑っていたくない」人気アイドルが本音を大暴露
- ●【男の本音】彼女にしたくないと思う女の子の特徴・4つ
- ●上司に向かって「本音」をストレートに吐き出す4つの方法

　「表向きはこう言っているけど、本当はどう思っているんだろう……」。これは誰もが気になることですよね。本音とは、表には出さない、胸の内にある気持ちのことをいいます。

　日本では、ときに隠すことが美徳とされる「本音」。この2文字がタイトルにあるだけで読者の目がぐっと引き寄せられます。本音と建前にギャップがあるほど、PVは大きく跳ね上がるでしょう。1つ目の例のように、本音のセリフをそのままカギカッコに入れると、リアルさが増して読者がクリックしたくなります。

　また恋愛記事では、異性がどのように思っているのかは関心の的です。読者の気になる気持ちに応えてあげましょう。

　隅つきカッコに入れて、タイトルの冒頭で目立たせるのもPVを上げる有効なテクニックです。

Word
152

深層心理

例

- 深層心理を暴露！あなたの「ムッツリ度」が分かる質問とは
- 彼の深層心理を探る！気があるときに見せるサイン４つ

　人が無意識にやっている行動を心理学的に解釈する記事に。何気なくやっていたのに「実はこんな意味があった！」という新鮮な驚きを読者にプレゼント。特に、気になる異性の深層心理を探る恋愛記事は、若い読者に人気があります。

Word
153

証言

例

- 現役教師が証言！迷惑なモンスターペアレントBEST5
- 「UFOは実在する」と証言！ある科学者のトンデモ発言が話題

　ある物事が事実であることを証明すること。暴露記事のような、読者をドキドキさせる記事にも使えます。証言する人の年齢や性別、職業などを詳細に書くと、さらにリアリティが増して◎。信憑性を高めて、読者の好奇心を刺激しましょう。

判明

 例

- 喫煙者の半数以上が「禁煙したい」と思っていると判明
- 宇宙の真実ついに判明か？世紀の大発見！
- なぜ離婚したの？調査で判明した意外すぎる4つの理由

　はっきりと明らかになること。主に調査結果の記事を書くときに、うってつけのワードです。

　ありふれた生活の中にあるテーマや、これまで謎に包まれていたことなどを調べて、記事にしてみましょう。とりわけターゲット読者になじみ深いテーマにすると、親近感が湧いてクリック率が上がります。

　実際にアンケートを取って調査するのもよいですし、書き手が独自に調べて記事にするのも◎。タイトルでは「調査の結果とは？」と内容を隠すものではなく、調査結果をハッキリ書いてしまいましょう。内容に意外性や驚きがあるほど、読者はさらに好奇心をそそられます。続きを読みたくなるタイトルづけで、高いPVを狙いましょう。

Word
155

明らかに！

--- 例 ---

- オリンピック前に「家を買ってはいけない理由」が明らかに！
- ついに全貌が明らかに！新テーマパークの「最強マシン」とは

　調査結果の記事と相性がよいワードです。勢いがあり、少し煽りを入れたような雰囲気を持っていますね。これまで読者が謎に思ってきた疑問を解明したり、新しく発表された事柄についてなど、読者に驚きと新鮮さを提供しましょう。

Word
156

#

--- 例 ---

- 法律違反スレスレ？芸能人SNSに抗議の嵐が飛んだワケ
- 子育てママから絶賛の嵐「超シンプルなスキンケア法」とは

　ある物事に対して、多くの人が同じ意見を持っているときに使えるワード。ニュースとして、世間を切り取る記事にぴったりです。また2つ目の例のように、一部で大きな人気を誇る商品・サービスの紹介記事でも、読者の関心を集めることができます。

Word
157

○○の声

 例

- こんな簡単に痩せるなんて！ダイエッターから驚きの声続々
- スポーツマンシップに疑問？人気野球選手に落胆の声

　ある物事に対して、世間がどのように反応しているかを紹介する記事に。○○には感情を表す言葉を入れましょう。多くの読者が共感できることや、逆に「こんな考え方もあったんだ」という意外な声を入れても、読者は記事を読みたくなるはずです。

Word
158

 例

- 「留学中、大変だったことは？」日本人学生の失敗談・4つ
- 終戦記念日を前に、おじいちゃんに戦争体験談を聞いてみた

　成功・失敗談や経験・体験談など、何かしらのエピソードを載せる記事は人気があります。普段の私たちでは経験できないことや、ある物事の先輩に話を聞くものなど、読者が聞いてみたいと思う情報を記事にしましょう。

159

業界

---（例）---

- 金融**業界**に激震！「送金技術」の大革命が始まった
- 美容**業界** OLに「働きやすさを感じますか？」と聞いた結果…

　同じ業種で働く人たちを取り巻く環境を表すワード。その界隈の人しか知らない耳寄り情報や、世間には明るみに出ていない秘密のトピックは人気があります。リアリティのあるタイトルで、読者の好奇心をゾクゾクと刺激していきましょう。

160

◯◯界

---（例）---

- 芸能**界**ウラ話「あの俳優の人気が落ち始めているんです…」
- タイピングが楽！エンジニア**界**で人気 No.1のキーボードとは

　ある特定の分野の人々を表すワード。「芸能界」「政財界」などのキャッチーな言葉で読者に訴えかけましょう。職業を入れて、彼らが持つ耳寄り情報を紹介しても◎。「コーヒー界」のようにアイテムを入れれば、それに精通している人たちを想起させます。

◯◯が教える

> 例

- 現役ドクターが教える「日本人が長生きできる秘訣」7つ
- 弁護士が教える！自動車事故をスムーズに解決する4つの方法
- 365日ピザを食べ歩く私が教える！おいしいお店の見分け方

　ハウツーや知識を解説する記事に。◯◯には専門家を入れて記事の信憑性をアピールしましょう。しかるべき知識を持った人がレクチャーしていることを示せばPVアップにつながります。

　Webの記事は、「誰が書いているか」を読者は重要視すると言われています。専門家ではない人が何かについて語っても、「説得力がいまひとつだなあ」とガッカリさせることさえあるのです。そこでタイトルで「詳しい人が教えています」と分かるようにしてみましょう。内容も期待できると安心感を持ってクリックしてくれるのです。

　職業や資格だけでなく、3つ目の例のように、専門家に肩を並べるような経歴や実績を入れても◎。期間や年齢など、具体的な数字を使えば、読者への訴求力が高まります。

Word
162
専門家が解説

 例

- 専門家が解説！人間関係にストレスを感じたときの解消法
- 専門家がまるっと解説！「初めての確定申告」5ステップ

ハウツーなどの解説記事にうってつけ。タイトルに「専門家」という3文字があるだけで、読者は安心して記事を読み進めてくれます。専門職の人、資格を持った人、あることに精通している人など、プロ目線の解説で読者を助けてあげましょう。

Word
163
プロがこっそりやっている

 例

- ここまで安くなる！旅行のプロがこっそりやっている裏ワザ
- 誰にも教えたくない！プロがこっそり買っている投資信託

その道の専門知識を持った人が秘密裏に行っていることを紹介する記事に。世間ではあまり知られていない"裏ワザ"に、読者は反応してしまうでしょう。「○○のプロ」と具体的なジャンルを書けば、さらにリアリティが増してGood！

Word
164

仕事がデキる人の ○○活用術

例

● ここが違う！仕事がデキる人の SNS 活用術・4選
● 会議ではどうメモを取る？仕事がデキる人のノート活用術

　仕事がデキる人は、何かうまいやり方を知っているはず。そんなお手本となる仕事術を紹介するのは、人気のテーマです。仕事のコツや、便利なアイテムなど。仕事に悩みを抱える読者たちにアドバイスしてあげましょう。

Word
165

できる○○（人）は △△しない

例

● できるビジネスマンは残業をしない！
●「モテる女性は自分からメールをしない！」その理由とは

　物事がうまくいっている人は、無駄なことはせず、効率よく行動しているはず。成功のために削ぎ落とすべきプロセスや習慣を読者にレクチャーしてあげましょう。「できる」だけでなく「モテる」など、読者の理想像と掛け合わせるとバズるタイトルに。

Word
166
「○○な人」ほど成功する

例

- 「長い時間寝る人」ほど成功するって本当?
- 婚活は「ちょっとおバカな女子」ほど成功する4つの理由

　読者を成功へ導く記事に。たとえば「怠けている人」など、世間的には成功とかけ離れていそうな人物像を入れると、ギャップが効果的に働きます。また、読者は「自分にも当てはまる!」と思うと、うれしくなって記事を読みたくなるでしょう。

Word
167
○○(優秀な人)が△△(意外なこと)をする理由

例

- 意外!トップセールスマンが静かにゆっくり会話をする理由
- お金持ちがお墓参りを欠かさない4つの理由

　読者の理想の人物像について、その人たちがやっている"意外なこと"をタイトルに入れてみましょう。意外であるほど、読者はギャップを感じ、記事の続きが読みたくなります。「理由」の前に数字を入れれば、さらにPVアップが期待できます。

Word
168

○○する人、
（一方で）△△する人

例

- メール１本で一気に出世する人、ガクッと評価を下げる人
- 仕事を計画通りに進める人、一方でメ切直前に苦しくなる人

少しトリッキーな表現ですが、成功する人と失敗する人の行動を比べるものです。どちらかに当てはまる読者は、記事の続きを読みたいと思うでしょう。記事には、成功するためのアドバイスを多めに書くのがポイントです。

Word
169

○○マニアが注目

例

- 鉄道マニアが注目！一度は乗りたい秋の紅葉列車・4選
- おにぎりマニアが注目する「巨大おにぎり」とは

特定の分野や物事を熱狂的に好み、そのジャンルに関して詳しい「マニア」な人たち。彼らは、一般の人が知らない耳寄り情報を持っていることも多いのです。新しい商品やお得情報があることをアピールして、記事を読んでもらいましょう。

Word
170

◯◯通

 例

● ハンバーグ通が教える！絶品ランチが評判の横浜の店BEST5

● 情報通がこっそり暴露！大物政治家に近づく女性の正体

ある事柄に精通している人を表すワード。最新情報や読者にメリットがある情報を持っていることをアピールできます。◯◯には特定の分野やアイテムを入れたり、限定せずに「情報通」「事情通」という言葉を使ってもよいでしょう。

Word
171

知る人ぞ知る

 例

● 婚活女性必見！知る人ぞ知る「最強の縁結び神社」とは？

● 別のストーリーが？知る人ぞ知る「隠しエンディング」の謎

世間ではあまり知られていないけど、一部の人が知っている耳寄り情報をアピールできるワード。特に、商品やサービスの紹介記事と相性◎。読者にココにしかないという「レア感」を与えて、記事をクリックしてもらいましょう。

Word
172

達人

例

● 収納の達人がオススメ！1000円以内の便利グッズ5選

● もうチェックした？「メイクの達人」になれちゃう本が発売

　長年の経験を積んでその道を極めた人のこと。何かを上達させたいと思ったときは、達人からのアドバイスが欲しくなりますよね。「達人」というワードを入れることで、詳しい人が解説している記事だと、説得力を持たせることができます。

Word
173

御用達

例

● 和食のプロ御用達！軽い力で美しく切れる包丁・4選

● 原宿が激アツ！人気アイドル御用達の美容院まとめ

　ある人が贔屓にしている商品やサービスを紹介する記事に。その道のプロや専門家、人気の芸能人がお気に入りを紹介する記事は大きい注目を浴びます。ターゲット読者の憧れの人物や、強く共感できる人物を引き合いに出しましょう。

174

○○系

 例

- デキる男ってどんな人？外資系ビジネスマンの日常に密着
- 来る者拒まず⁉「肉食系女子あるある」BEST10

　人々の系統を表すワード。なかでも「外資系」という言葉は、非常に優秀なイメージをもたれるので、ビジネス記事で人気。職業について語るのはもちろん、「肉食系」「草食系」など、人のタイプについて述べる記事も人気があります。

175

 例

- Goegle 社員のクリエイティブな仕事術・4つ
- 優良企業の社員が休日を120％楽しんでいる理由

　社会的な注目度が高かったり、優秀な人が集まる会社については、読者の関心も高いです。内情を覗いてみたかったり、仕事術をお手本にしたいという読者は多いもの。情報感度の高いビジネスマンをターゲットとする記事にうってつけです。

Word
176

◯◯在住

例

- 京都在住の私が好きな「ほっこり和風カフェ」BEST10
- パリ在住OLがオススメ！パリジェンヌ御用達のパン屋4選

　最新情報やトレンドを発信源からレポートする記事に。現地からのナマの情報が読めると、その情景が手に取るように分かる臨場感に読者がワクワクします。人気の観光地や、読者が憧れを抱いている場所を入れると、ますますPVアップが期待できます。

Word
177

フランス人

例

- フランス人が教える「スタイリッシュな生活」4つのコツ
- フランス人は本当に毎日「愛してる」を言うか確かめてみた

　フランス人と聞くと、なんとなく洗練されたオシャレな人たちを想像しませんか？　特に日本女性は、フランス人の生活に憧れを持っている人が多く、ライフスタイルに関する記事は人気です。彼らの価値観、仕事、恋愛、食事などを紹介しましょう。

7

ライフスタイル

ライフスタイルに関する記事は
カジュアルに読めるので、
年代を問わず人気があります。
読者に親近感を感じてもらえる
バズるワードを紹介します。

178

モテる

例

- ●全男性が虜に！女性のモテる仕草ランキング BEST10
- ●「モテる服装」と「モテない服装」の決定的な違いとは」
- ●無口はモテる⁉「合コンで一目置かれる男性」４つの特徴

　Webにおける恋愛記事はとても人気が高く、独自の進化を遂げてきました。恋愛に関するメディアも多く、一つの文化ともいえるでしょう。

　そんな恋愛記事の中で最も人気のあるテーマの一つが「モテる」こと。異性に人気があることの意味ですが、独身の若い男女の多くが（また既婚の方でさえも）、モテることに関心を寄せています。本を買うまでもないけれど、ちょっとした知識を得たい。そんな欲求を叶えてくれるのがWebの恋愛記事なのです。

　「モテる」というワードはバリエーションも豊富。非常にモテることを「モテモテ」、モテるためのテクニックは俗に「モテテク」と呼ばれています。モテるための方法はもちろん、逆に「モテない言動」に関する記事も定番の人気テーマになっています。

Word
179

色気

例

- 「女の色気」を100％引き出す4つの方法
- なんだか妖艶…！「色気」のある世界の建築20選

　異性を惹きつける性的な魅力のこと。男女を問わず「色気」について書かれた記事は大人気。ターゲットでない人でも、ついつい興味を示してしまいます。恋愛記事とは相性バツグン。また、あえて他のジャンルと掛け合わせてみるのも、意外性があって◎。

Word
180

例

- 色と形が重要！「美人度UPスカート」の選び方
- 自社商品の認知度を100倍にする必殺技・4パターン

　さまざまな度合いのこと。人気度、美人度、認知度など、いろいろな言葉を組み合わせて使いましょう。ライフスタイルの記事では、個人のレベルやスキルを上げるための記事が大人気。手軽に実践できることを匂わせて、読者にクリックしてもらいましょう。

○○女子

 例

● 悲喜こもごも！30代婚活女子あるある BEST10

● ズボラ女子必見！何もしないで痩せられる方法があった⁉

● 増加中！プロレスが大好きな「プ女子」に密着してみた

　若い女性の性質を表す定番のワード。女性の考え方や、趣味嗜好、年齢や職業と組み合わせて、女性をグループ分けします。とてもキャッチーでトレンド感あふれる表現です。

　女性の多くは「自分は○○女子だ」と何かしら自覚を持っています。商品やサービスを PR する記事など、ある特定の女性をターゲットにする場合、タイトルの冒頭で「○○女子必見！」と呼びかけましょう。「当てはまる！」と思った女性たちから、一気に注目されますよ。

　新しい女性の生態が発見されるたびに「○○女子」として話題になります。気になる女性の生態を分析して「○○女子」として紹介すれば、たちまち記事はシェアされるでしょう。新しいトレンドを切り開く、とてもポテンシャルの高いワードなのです。

Word
182

○○男子

··· 例 ···

- こっそり伝授！「草食男子」と恋に落ちる４つの方法
- 「オタク男子」と結婚するメリットBEST5

　若い男性の特徴的な性質を表すキャッチーな表現法。「草食男子」「肉食男子」は今や若い人の間で定番。新たな「○○男子」も日々生まれています。主に女性向けの記事と相性がよく、新しい価値観を持つ男性について紹介するときも好まれる表現です。

Word
183

○○ロス

··· 例 ···

- 福田雅治が結婚！「ましゃロス」で日本中のOLが泣き叫ぶ
- 「ペットロス」から立ち直る４つの言葉

　何かを喪失（ロス）した後、寂しい気持ちになることを表すワード。話題のドラマが終了したときや、人気芸能人が結婚してしまったときなど、エンタメ記事でよく用いられます。また「ペットロス」など、ライフスタイルの記事にもぴったりハマリます。

184

勝ち組

例

- 人生の「勝ち組」になる7つの方法
- 実は幸せじゃない？年収1000万円超え「勝ち組女子」の転落
- 堕ちぶれた勝ち組！平成の大不況で資産が9割減した人々

　一般的に人生で成功した人たちのことを指します。具体的には、仕事で成功を収めたり、お金をたくさん持っていたり、タワーマンションの高層階に住んでいるなど、さまざまなイメージがあるでしょう。おもに、ビジネスや金融系の記事で効果を発揮します。

　「勝ち組」の生活に興味のある人は多く、「どうすれば勝ち組になれるのか」についても熱いトピックです。読者の疑問や好奇心を満たして、夢を与えるお手伝いをしましょう。

　PVアップを狙うには、2、3つ目の例のように「負け要素」を含めるのも1つの手。「勝ちなのに負け」という逆説的なインパクトを放ち、読者の目に留まります。なかには勝ち組の転落を望む人たちもいますから、ちょっと意地悪な心理が刺激されるのです。

185

負け犬

···例···

● 「負け犬」にならないために！知っておきたい人生の教訓７つ

● 【負け犬】こんな生活習慣があなたを奈落の底に突き落とす

　人生で成功を収められない人のこと。「負け組」という言葉もメジャーですが、この「負け犬」のほうがより惨めで、大きなインパクトを与えます。「負け犬」にならないための方法や、注意喚起の記事で読者をドキッとさせましょう。

186

若者の○○離れ

···例···

● 「若者のテレビ離れ」が起きている４つの理由

● 自動車メーカーの「若者のクルマ離れ」のとらえ方とは？

　昔は定番だったのに、今の若い人がやらなくなった習慣を書く記事に。しばしば「嘆き」の感情も込められます。上の世代からは「どうして!?」という驚きの気持ちを、若い世代からは共感を集めて、PV増加が期待できるワードです。

Word
Word
187

○○活

例

- 40代男性が半年で婚活を成功させる4つのテクニック
- 野菜を食べてヘルシー生活！最近話題の「ベジ活」って何？
- 【セミナー】「働く20代女子のためのマネ活講座」を開催

何かの活動をすることをキャッチーにしたネーミング。代表的なものは、就職活動を短くした「就活」。今では、いろいろな言葉を当てはめて、その語感の親しみやすさから幅広く使用されるワードです。

すでに一般的な言葉となった「婚活」（結婚相手を探す活動）や、朝の時間を生かして自己成長につなげる「朝活」、自分の財産を増やす「マネ活」など、さまざまな分野で使われている表現です。

これに限らず、読者に新しいライフスタイルを提案したいときは、「○○活」と名づけてみても面白いでしょう。特に、常に新しい変化を求める女性と親和性が高く、浸透率もよいワードです。女性の間で何かを流行らせたいときは、「○○活」として提案してみるのも1つの手です。

188

富裕層

---…例…---

- 「富裕層マインドを持っている人」7 つの特徴
- プライベートジェットで移動！富裕層の生活に密着してみた

お金持ちたちのこと。この豊かで華麗なる響きの「富裕層」というワードに、ついつい反応してしまう読者は多いもの。憧れの気持ちでクリックしたくなります。この世にわずか数％しかいない富裕層ですから、それだけ好奇心をそそられるのです。

189

貧困

---…例…---

- 取材してみて分かった「貧困家族」の実態
- あなたは人丈夫？「隠れ貧困 UL」チェックリスト

貧しくて困っている様子のこと。日本では景気がよかった時代が終わり、近頃では「貧困」という言葉が大きく取り上げられるようになりました。こうした社会問題のワードをタイトルに入れるのも、読者が反応を示す 1 つの要素になります。

Word
190

朝○○

例

- 早起きは三文の徳！「朝勉強」で記憶力を10倍にする秘訣
- 彼との「朝デート」がマンネリを防げる4つの理由

　朝に行う活動のことをキャッチーにしたネーミング。最近では「朝活」がブームになっていますね。昼間や夜にするイメージがある活動を○○に入れると、ギャップが効いて読者が興味を持ちます。特に成長意欲のある読者のハートをつかめるワードです。

Word
191

○○体質

例

- もう太りたくない！「痩せ体質」になる4つのマインド
- 「金持ち体質」の人はやっている！豊かになれる7つの習慣

　生まれながらに持っている性質のこと。主に女性向けの記事でよく見られる表現で、健康に関するワードに限らず、「恋愛体質」「愛され体質」「金持ち体質」などの言葉も人気。いろいろな言葉を入れて、キャッチーなタイトルを作りましょう。

Word
192

○○派

> 例

- イヌ派のほうがネコ派よりも生涯年収が高いって本当？
- あなたはどっち派？「つぶあん VS こしあん」頂上決戦

　ある物事に「派」をつけると、それが好きな人という意味を表します。読者は「自分はこっち派だ！」と確固たる意見を持って記事をクリックするでしょう。「派閥」という言葉で、ドロドロした人間模様を描く記事も Web では人気です。

Word
193

断捨離

> 例

- 年末は断捨離しよう！スッキリ片づく大掃除・3つのコツ
- 「人間関係の断捨離」をすれば人生が上手くいく理由

　ここ数年で話題のワード。部屋の中の不用品を容赦なく捨てるという意味で使われています。掃除に関する記事はもちろん、人間関係や悪習慣の断捨離など、「自分に不要なことはキッパリ手放そう」と提案する記事にもぴったりです。

Word
194

イケメン

例

- イケメンすぎる板前さんにキュンとする寿司屋・4選
- 惜しい！イケメンなのに残念な独身男性の特徴とは

　顔が整ったイケメンに弱い女性は多く、つい反応してしまう人も少なくありません。主に恋愛や芸能記事で読者の支持を集めます。「イケメンなのに残念」のようにマイナス要素を入れれば、ギャップが効いて読者は「どういうこと？」と気になりますよ。

Word
195

美人

例

- 一流企業の秘書はみんな「美人」なのか調べてみた
- 多くの男性を虜に！イマドキ美人になる3つの方法

　美しい女性のこと。イケメンと同じく、PVを取りやすいワードの1つです。男性向けに女性を紹介する記事や、女性向けに「お手本」という意味で美容やファッションの記事も人気。類似表現の「美女」としても◎。

196

理想

（例）

● 低予算で実現！「理想の部屋」をつくるインテリアの選び方

● 婚期を逃す？理想が高い女性の特徴・5つ

　その人が憧れる最も望ましい状態や姿のこと。読者にはそれぞれ理想の姿があります。ターゲットが求めることを分析して、それに近づくための方法をレクチャーしてあげましょう。また、恋愛記事では「理想の高さ」も1つのキーワードになってきます。

197

至福の○○

（例）

● ただボーッとする時間をつくろう「至福の温泉旅館」4選

● 1日の疲れを癒やす「至福のアイスクリーム体験」をあなたに

　この上なく幸せなこと。タイトルにゆったりした雰囲気を出すことができます。おもに、商品・サービスを紹介する記事と相性バツグン。疲れた現代人は、リラックスできるグッズやスポットの情報に興味津々。読者に至福の時間をプレゼントしましょう。

W o r d
198

マネ

> 例
> - 今すぐ**マネ**したい！女優の専属メイクが教える「秋メイク」
> - **マネ**したい！掃除の達人に聞く「トイレ掃除」4つのコツ

　専門家や達人に話を聞いて、その方法を学べる記事に。シンプルな項目を立てて、読者がマネしやすいように紹介しましょう。特にファッションや、家事にまつわる記事とは相性◎。教える側がどんな人かを具体的に書くと、より説得力の強いものに。

W o r d
199

お手本

> 例
> - カワイイと褒められる！「手作りピアス」の**お手本**・20選
> - 人気アイドルが**お手本**！男性に好かれる笑顔のつくり方

　物事を上達させるために習うべき人や物のこと。何かがうまくできずに悩む読者にアドバイスを。「簡単」「シンプル」といった言葉を使えば、読者の心理的ハードルが下がり、クリックが増えます。憧れの人物を入れれば、さらにアピール力 UP。

200

高見え

例

- 予算3000円以内で買える！最強の「高見えバッグ」10選
- 素材がキーワード！「高見えする家具」の選び方・4つ

「高く見える」という意味のワード。近年、ファッションやインテリアの記事でよく使われるようになりました。節約が好まれる時代。あまり高いお金を出さなくても、高級そうに見えるアイテムは、最近若者の間で人気なのです。

201

格上げ

例

- 注目！おしゃれをぐっと格上げする10のトレーニング
- あなたの印象を格下げする5つのネガティブワード

今より高い地位やレベルに進むこと。スキルや持ち物、ファッションに関する記事に使うのがオススメ。何かをレベルアップさせたい読者に向けて、的確なアドバイスをしてあげましょう。対義語の「格下げ」も、注意喚起の記事タイトルとして使えます。

202

◯◯占い

 例

- ●【手相占い】幸せな結婚ができるのはこんな手相！
- ●彼との運命は？1秒で結果が出るWebタロット占い

　女性は占いが大好き。毎日チェックする人も多いです。星座や手相など、占う方法もさまざま。定番だけでなく、体の特徴や持ち物から診断するものも、そのお手軽さから支持を集めます。恋愛中の女性なら「相性占い」というワードにも敏感です。

203

心理テスト

 例

- ●彼の本音を丸裸！恋に効く「心理テスト」4選
- ●【心理テスト】真っ暗の部屋の中にロウソクは何本？

　深層心理がわかるテストのこと。シンプルな質問で意外な性格が分かり、面白いと読者たちに人気。2つ目の例のように、冒頭に【心理テスト】と書いて、質問をそのまま書くのも1つの手法です。読者は答えが気になって、記事を読んでみたくなります。

204

血液型

例

- 思わず納得 !? 最もワガママな血液型ランキング
- 【血液型】優柔不断？細かい？「A 型」の取り扱い説明書

　世間では「血液型によって性格が違う」なんて言われていますね。信じる、信じないは別として、血液型は Web 読者にとっては大人気。「血液型」というワードをそのまま使ってもよいですし、血液型を具体的に入れて該当の人に直接アピールしても。

205

県民性

例

- 頑固な県民性を持つ都道府県ランキング
- 県民性でチェック！あなたと相性のいい男性は？

　育った都道府県によって性格に違いが出ると言われる「県民性」。大きな共感を呼んだり、自分の知られざる一面を発見するなど、キャッチーなテーマとして人気。1 つ目の例のように、県民性のランキングを作るのも、読者を楽しませることができて◎。

206

○○ VS △△

例

● 関東 VS 関西！恋人選びで理想が高いのはどっち？
● 【調査】和食 VS 洋食、ホテルの朝食で好きなのは？

　ある 2 つのものを比較したり、対決させる記事はとても人気があります。多くの人がどちらかに当てはまり、大きな共感を得られる記事にするのがコツ。代表的なものが「都会 VS 田舎」「関東 VS 関西」などの地元ネタ。PV の爆発力に期待ができます。

207

英語

例

● 留学経験がなくても「英語を話せる人」4 つの習慣
● 【クイズ】「ちょっと待ってください」は英語で何という？

　国際化の流れで「英語」に興味を持つ人は年々増えています。とはいえガッツリ勉強をするのは苦手な人も多く、Web では簡単なコツやフレーズを紹介する記事が人気です。「英語で何という？」などのクイズ記事も、一定の人気を誇っています。

208

ハマる

 例

- あなたも必ずハマる！癒やされすぎるマッサージアイテム４選
- 日本のOLたちがハマる！あのアイテムがここまで人気のワケ

物事に夢中になること。誰かがたくさん愛情を注ぐものについて、人は「どんな物なんだろう」と興味を持ちます。商品やサービスの紹介、世間で流行していることの解説記事に。「人気タレントがハマる」とすれば、ファンたちは記事を読みたくなります。

209

○○しない人が
知らない人生

例

- 節約ばかりのあなたへ！「浪費しない人」が知らない人生
- 実は損してる？富士山に登らない人が知らない人生

通常のアドバイス記事に変化球を加えて「これをしないともったいないよ！」という雰囲気のタイトルに。普段自分がなじみのないことがタイトルに挙げられていたら、"もう一つの自分の人生"が気になって、ついついクリックしてしまいますよね。

210

モチベーション

例

- 仕事がだるい？「モチベーション」を上げる4つの方法
- 「昼寝」をすればモチベーションが上がるって本当？

「やる気」をビジネスチックに表現したワード。「モチベーションを上げる方法」などのテーマは、1つの人気トピック。勉強や仕事、家事など、シンプルなアドバイスで、読者のモチベーションを上げることにひと役買ってみましょう。

211

ゴールデンタイム

例

- 「お肌のゴールデンタイム」を10倍有効活用する4つの秘策
- やる気爆発！自分なりの「ゴールデンタイム」を発見しよう

一般的には、テレビの視聴率が最も取れる時間帯のことを指します。Web記事では「物事が最も上手くいく時間帯」という意味でもおなじみ。「お肌」や「睡眠」「筋トレ」「脳」などと合わせて、キャッチーなタイトルを作っていきましょう。

8

ネガティブ

ネガティブなワードを使って
ターゲットの関心を引くのも
ＰＶを上げる１つのテクニックです。
読者をドキッとさせるような
バズるワードを紹介します。

212

やってはいけない

> 例
>
> - やってはいけない！意外と知らない「結婚式のマナー違反」
> - 「意識高い系ツイート」をやってはいけない7つのワケ
> - 眠くてもコーヒーをたくさん飲んではいけない4つの理由

「やってはいけない！」とはっきり言われると、ビックリしませんか？　注意喚起や何かを禁止する記事を作るときは、少し強めのタイトルで印象づけましょう。勢いのある強い語気に、読者はドキッとして目を奪われます。

　ポイントは、読者がよかれと思ってやっていた習慣や、世間では常識だと思われていたことを指摘するもの。「やってはいけない」と言われると、「一体、なぜ!?」と疑問を解消するために記事の続きを読みたくなります。「理由」や「ワケ」という言葉との合わせ技も鉄板です。

　1つ目の例のように、冒頭に「やってはいけない！」と書くと、大きなインパクトを伴います。自分とは関係のない記事でも、読者は思わず気になってしまうでしょう。

Word
213

やめるべき

┈┈ 例 ┈┈┈┈┈┈┈┈┈┈┈┈┈┈┈┈┈┈┈┈┈┈┈┈┈┈┈┈┈┈┈┈

- 筋トレ効果を最大限引き出すために！やめるべき 4つの習慣
- 産婦人科医に聞く「妊娠するために絶対やめるべきこと」

　読者の目標を達成するために、ストップするべき習慣をアドバイス。1つ目の例のように、数字と掛け合わせるのも分かりやすくてオススメ。2つ目の例のように「専門家が教える」といった情報源を加えれば、さらに説得力が増しますよ。

Word
214

○○だけじゃダメ

┈┈ 例 ┈┈┈┈┈┈┈┈┈┈┈┈┈┈┈┈┈┈┈┈┈┈┈┈┈┈┈┈┈┈┈┈

- 優しいだけじゃダメ！あなたを幸せにする男性の見分け方
- 貯金だけじゃダメ！将来安心して暮らすための資産形成

　読者があらかじめ知っている情報に、プラスアルファの要素を加える記事に。今のままでは足りないという危機感を与えながら、新たな情報をゲットできるお得感を提示しましょう。読者がやりがちな習慣を想像しながら、記事を作るのがポイントです。

215

NG

 例

● 部下が全くついてこない「NGな上司」4つの言動

● ダサすぎ！友達にドン引きされるNGファッション・4つ

● これはNG！20代女子がつい言ってしまう「モテない口癖」

　よくない、悪いということ。読者の理想像や目標に近づくために、やってはいけないことをアドバイスする記事に。漢字やひらがなのタイトルが多い中、アルファベット2文字は目立ち、瞬間的に読者の目を引きます。

　ちょっと大げさなタイトルをつけて、読者の恐怖心を煽るのも1つのテクニック。読者のなりたい姿はもちろん、読者が避けたいシチュエーションについても取り上げてみましょう。

　「NGな○○」や2つ目の例のように名詞をつけて「NG○○」としてもよいでしょう。タイトルの冒頭に「これはNG！」として呼びかけるのも◎。

　ビジネスからライフスタイルまで、さまざまなジャンルの記事に使える便利なワードです。

Word
216

逆効果

 例

- 柔軟剤は恋に 逆効果 !? 気をつけたい「香害」の実態とは
- 優秀な子を育てるには「勉強のしすぎは 逆効果」のワケ

期待していたのとは反対の効果になってしまうこと。よかれと思ってやっていたのに、実は悪い方向に……なんて事態、誰もが避けたいですよね。読者がやりがちな事にフォーカスして、注意喚起をしてあげましょう。

Word
217

失敗

例

- あなたは大丈夫？婚活女性が見落としがちな４つの 失敗
- もう 失敗 しない！就活の面接で好印象を残す４つのコツ

成功の反対で、目的を果たせないこと。「失敗したくない」という読者の心理を突いていきましょう。失敗を避けるためのアドバイスや、すでに失敗したことを分析する記事も人気。数字と組み合わせると読者の目を引くので、オススメです。

W o r d
218

デメリット

例

- 実際どうなの？「オンライン語学学習」4つのデメリット
- 意外なデメリットが!? 大手企業で働くということ
- 【まとめ】永久脱毛のメリットとデメリットを調べてみた

　短所や不利益のこと。「なるべく損はしたくない！」というのが人間の心理。読者はメリットだけでなく、デメリットというワードにもとても敏感です。

　サイトをつくる上で、読者にとってよい情報だけでなく、悪い情報も発信していくのは大切。サイトの信頼度が高まり、ファンが増えていくきっかけになります。読者が興味を持っていることのデメリットについても、探ってみましょう。

　「デメリット」は数字とも相性がよいワードです。1つ目の例のように、デメリットを並べて紹介するのも分かりやすくてオススメ。また3つ目の例の「メリットとデメリット」のように、長所と短所をまとめる記事も読者に人気があります。幅広いジャンルで使えるので、とても重宝するワードですよ。

219

やりがち

例

- 意外とやりがちな「キッチンのNGなお掃除」あるある4つ
- 美ボディが遠のく！筋トレ女子がやりがちな4つの勘違い

ついついやってしまうこと習慣のこと。よかれと思って読者がやっていたことに待ったをかけて、「悪い結果になるので、やめましょう」と注意喚起を。ライフスタイル記事、あるあるネタとも好相性。共感を呼びつつ、これまでの習慣を改めるアドバイスを。

220

ウソ

例

- 必ず成功すると言われる「儲け話」に隠された4つのウソ
- ウソ⁉ 何もしないで痩せられるラッキーな方法が判明

事実と異なること。書き方は複数ありますが、カタカナの「ウソ」はよりカジュアルな雰囲気に。シリアスさを出したい場合は漢字で「嘘」と書きましょう。びっくりしたときのリアクションとして「ウソ！」と冒頭に入れるのも◎。読者の注意を引きます。

Word
221

残念

例

- 友人が暴露！イケメン俳優の意外すぎる「残念な日常」とは
- 行ったらガッカリ！読者が選ぶ「残念な観光地ランキング」
- 美人だけどモテない「残念すぎる女性」4つの特徴

満足できない悔しさの感情を伴うワード。Web記事ではしばしば「悪い」という意味で使われます。直接的に「悪い」と表現せずに、このワードでちょっとふざけたニュアンスをプラス。するとユーモアがにじみだして、その面白そうな雰囲気に読者が誘われてクリックしたくなります。

本来の意味を飛び越えて、いろんな言葉の前につけると幅広い表現ができるようになります。「期待していたのに、それほどでもなかった」という意味で、流行のスポットや食べ物、ファッションなどと組み合わせても◎。筆者の感情をさらに強調して「残念すぎる」という表現を使うのもよいでしょう。

残念なものを複数紹介したり、ランキング記事にするのも人気があります。

222

嫌われる

例

- あっち行って!「小学生の娘に嫌われるパパ」4つの特徴
- あなたは大丈夫?「嫌われる上司」にならない方法とは

「人に好かれたい」という気持ちと同じくらい「嫌われたくない」という気持ちがある人が多いですよね。上司や部下、得意先、子どもや孫など、読者が嫌われたくない相手を具体的に入れると、リアリティが増してクリック率が上がります。

223

ヤバい

例

- 信じられない!社会を揺るがす「ヤバい内部告発」の全貌
- 「この美味しさヤバい!」と叫びたくなるスイーツ名店4選

悪いことを表す俗語。このような話し言葉は読者の目を引き、好奇心を刺激します。悪い意味だけでなく、最近では2つ目の例のように、「最高によい」という意味でも使われだしています。ターゲットに合わせて、使いこなしましょう。

Word
224

実は見られているかも？

例

- ●実は見られているかも？電車で無意識にやってしまうことTOP5
- ●実は見られているかも？社内恋愛を徹底的に隠す４つの原則

　人には知られていないと思っていたのに、実はバレていた……！なんて残念な事態は避けたいものです。思わずドキッとしてしまうこのフレーズで、読者の危機感を煽りましょう。読者が見落としがちな凡ミスを指摘してあげてください。

Word
225

批判

例

- ●人気タレントのSNSに女性からの「批判」が集中しているワケ
- ●上司から痛烈に批判される「残念なプレゼン」４パターン

　誤っている点、よくない点を指摘すること。読者は自分が批判されることを避けたいため、このワードに敏感。また、ある事柄で「好ましくない」とされる内容を記事にすると、読者は共感したり、気になって記事の続きを読みたくなります。

Word
226

誤解

例

- イマドキ女性が「独身男性」に持っている４つの誤解
- 多くの人が政治家に対して「誤解」している５つのこと

事実や言葉などを間違って理解すること。読者が持っている偏見などを取り上げて、それを覆す記事に。数字とも相性がよく、箇条書きのように並べると記事が読みやすくなります。誤解を解いて、読者に新しい視点を与えてあげましょう。

Word
227

最悪

例

- 最悪！妻に浮気がバレたタイミングの共通点
- 犯罪率が「最悪のペース」で増えている４つのワケ

最も悪いことを意味するワード。語気が強く、インパクトのあるワードなので、読者の危機感を煽ることができます。読み手や登場人物の気持ちを代弁するように「最悪！」とタイトルの冒頭に入れると、さらに印象的なタイトルになります。

絶望的

例

- 婚活パーティで「絶望的にモテない女性」の特徴
- 絶望的に仕事ができなかった僕が営業成績1位になれたワケ

　望みが持てないほど事態が悪化していること。読者に注意喚起をするときなど、少し大げさな表現でインパクトを与えましょう。文字通り最悪な状況について書くだけでなく、そこからよい方向へ改善するプラスな内容も、ギャップがあるほど読者にウケます。

イラッとする

例

- 脱いだら脱ぎっぱなし！イラッとする旦那の習慣ランキング
- 気をつけて！デート中に彼からイラッとされる4つの言動

　苛立つことを口語的に表現したワード。日頃からイライラしていることをコミカルに記事にしてみましょう。読者が大きく共感して反応を示します。また、「イラッとされたくない」と思う読者へアドバイスする内容も人気です。

230

器が小さい

⋯例⋯⋯⋯⋯⋯⋯⋯⋯⋯⋯⋯⋯⋯⋯⋯⋯⋯⋯⋯⋯⋯

- 付き合ったらダメ!「器が小さい男」の見分け方・4パターン
- 「あの人、器が小さいよね」と陰口を言われるパパ友の特徴

人格や器量ない人のことを表すワード。ちょっと意地悪なワードですが、Webの読者がよく反応を示すワードです。読者が共感する記事や、注意喚起の記事としても使えます。反対に「器が大きい人」について触れるのもオススメです。

231

不幸になる

⋯例⋯⋯⋯⋯⋯⋯⋯⋯⋯⋯⋯⋯⋯⋯⋯⋯⋯⋯⋯⋯⋯

- 【注意喚起】不倫をすると不幸になる4つの理由
- お金がないと本当に「不幸」になるのか調査してみた

不幸せになること。誰でも不幸にはなりたくないもの。それだけに「不幸」という2文字は強烈なパワーを放ちます。「これをやると不幸になる」という注意喚起とともに、事態を好転させるアドバイスを載せて読者を救ってあげましょう。

Word
232

禁断

> 例
>
> - 取扱注意 ⁉ アノ人の心を操る「禁断の心理術」20選
> - 激マズでもハマる？調味料「禁断の組み合わせ」ランキング

　あることを禁止すること。ミステリアスな語感も特徴的なワードです。やっちゃダメと言われると、人間、ついついやってみたくなるもの。逆に好奇心を刺激されて、覗いてみたくなります。マイナーなネタを取り上げるときに活躍するワードです。

Word
233

身勝手

> 例
>
> - わがままでOK！−10kgを叶える「身勝手ダイエット」とは
> - 逮捕された容疑者の「身勝手すぎる」犯行動機

　他人のことを考えず自分の勝手に行動すること。「身勝手な人」を見るとついつい批判したくなる、正義感の強い読者たちの共感を呼ぶワードです。また1つ目の例のように、「身勝手」を読者のメリットとしてアピールする方法もあります。

Word
234

不倫

例

- 誰にも言えない「不倫の悩み」を解決するたった1つの方法
- 社会を揺るがせた「芸能界不倫カップル」の共通点

　既婚の男女が外に恋人を作ること。ここ最近、有名人の不倫ゴシップが大きな話題をさらい、PVの爆発を呼ぶワードとなりました。さらに"不倫中"の人は「人に相談できない」と悩みがちなので、人に隠れてWebで検索する人も多いのです。

Word
235

修羅場

例

- 40代女性に聞く！これまで体験した修羅場エピソード4選
- これで解決！取引先との修羅場をまるっと収めるメールテク

　激しい戦いが行われている場面のこと。おもに男女関係の記事でよく使われています。野次馬な心理を刺激して、ついつい覗いてみたくなりますよね。エピソード記事はもちろん、修羅場を回避するアドバイス記事も読者に好まれます。

Word
236

格差

例

- サラリーマンの「年収格差」が拡大している５つの理由
- 独身女性に調査!「格差婚で幸せになれると思いますか?」

　同じ物を比べたときの、格付けの差を表すワード。さまざまな格差が話題になる世の中。競争を彷彿とさせるこのワードは、読者の興味関心を誘います。「年収格差」「人気格差」「格差社会」など、読者の競争心を煽るような言葉を使用しましょう。

Word
237

中毒

例

- 「ギャンブル中毒」を治す４つのステップ
- コスメ買いまくり!「メイク中毒」なOLたちの座談会

　ある物事が好きすぎて、感覚などが麻痺してしまうこと。ギャンブル中毒など社会的に問題視されていることはもちろん、よい意味でハマっていることを描写するときも◎。ある物事やアイテムなどのトレンドを紹介する記事にもうってつけです。

Word
238

バカ

例

- 男心をくすぐる? 「ちょっとおバカな女子」がモテる理由
- 悪い人はいない? 「釣りバカ」な男性と付き合うメリット4つ

人を罵倒するときの表現ではありますが、タイトルにあると、つい目が行ってしまうワードです。「おバカ」と書けば、コミカルで愛らしい雰囲気に。「釣りバカ」など、ある物事につければ愛好者という意味にもなり、幅広く使えます。

Word
239

クズ

例

- マジ!? 思わず耳を疑った「彼氏のクズ発言」を大調査
- なんだか憎めない! 少女漫画「人気クズキャラ」ランキング

「バカ」と同様、こちらもあまりよい表現ではありませんが、ネット上ではよく目にするワード。ある人物の素行が呆(あき)れるくらいどうしようもないという意味で使われます。語感が強烈なので、読者の目に留まりやすいワードの1つです。

240

末路

> 例

- まさに転落人生！大金を巻き上げてきた有名詐欺師の末路
- 使われなくなった昔の電話の末路が悲しすぎた件

　人生の終わりや物事の衰える様を表すワード。見るだけで、悲惨な結末を想像させる、インパクトのあるワードです。人物だけでなく、かつて流行していたアイテムが時代遅れとなった様子を伝える記事にも応用できるでしょう。

241

人には言えない

> 例

- 浮気を正当化する女たちの「人には言えない」理屈とは
- 副業 OL が暴露！人には言えない裏稼業・4 つ

　何かの理由があって、人には大きな声で言えないことってありますよね。秘密のヴェールに包まれたミステリアスな雰囲気につられて、ついつい気になってしまいます。読者の好奇心をうまく刺激して、記事を最後まで読んでもらいましょう。

9

定番

読者のハートにアプローチする
魅力的なワードはたくさんあります。
タイトルに入れるだけで
ＰＶやクリック率が倍増する
定番のバズるワードをご紹介します。

意外

(例)

- 温泉に持っていくと10倍楽しめる「意外な旅行グッズ」4選
- 意外と損してるかも？公共料金を正しく見直す方法
- 意外！男性に聞いた「奥さんにしたい女芸人」ランキング

　ちょっと味気ないタイトルに入れるだけで、一気に読者のハートにアプローチできる魔法の言葉。幅広いジャンルに使える、とても便利なワードです。

　「意外」はもともと「ある程度は予想がつくことを、大きく裏切る」という意味を込めて使われる言葉。実際に読者がWeb記事を読むとき、語りつくされた内容には退屈さを覚えますが、「意外」という言葉によって「この記事には目新しい情報がある」とアピールすることができるのです。読者は「どんな内容が書いてあるんだろう」と、ゾクゾクと好奇心をかき立てられるでしょう。

　タイトルで使用する際は「意外な」「意外に」「意外と」「意外すぎる」など、バリエーションを効かせてみましょう。冒頭に「意外！」と入れて、目を引く手法もオススメです。

243

思わず

例

● 思わず共感！独身女性の休日あるあるTOP10

● 男性が思わず惚れてしまいそうになる瞬間・4つ

するつもりではなかったのに、無意識にやってしまうことを表すワード。特に理由はないのに自然に行動していた、なんてことはよくあることです。タイトルに人間味が出て、親近感が漂います。より読者の共感を呼ぶネタをセレクトしましょう。

244

無意識

例

● モテる女性が「無意識にやっている」4つの習慣

● 無意識はコワイ!? 電車の中でついやってしまう癖を調査

意識せずにやってしまうことを表すワード。知らない間にやっていることは不思議と気になるもので、新しい発見がありますよね。特に目標とする人の"無意識の習慣"を紹介するのは人気のテーマ。「あるあるネタ」とも相性がよく、読者の興味を引きます。

あえて

⋯⋯(例)⋯⋯⋯⋯⋯⋯⋯⋯⋯⋯⋯⋯⋯⋯⋯⋯⋯⋯⋯⋯⋯⋯⋯⋯⋯⋯⋯

- ●ぽっちゃり女子が**あえて**痩せようとしない４つの理由
- ●「**あえて**電話をしない」できるビジネスマンに聞く仕事の秘訣
- ●**あえて**受付にロボットを導入した大手企業の戦略とは

　たくさんの読者にクリックしてもらいたいなら、タイトルで意外性を出すことは大事な要素です。そんなときに活躍するのが「あえて」というワード。普段はしないことを押し切ってやる様子を表現するものです。

　これを見た読者は「特にそうする必要がないのに、どうして？」と疑問が湧いて、記事の続きを読みたくなります。あえてする理由について、記事の中で掘り下げてください。読者の知的好奇心を満たしてあげましょう。

　ビジネスからライフスタイルまで、さまざまなジャンルの記事で使えます。常識とは正反対の行動を後押しする記事や、書き手のこだわりを表現したいときにもオススメ。何か物足りないタイトルにパンチを出してくれる、覚えていて損はないワードです。

246

瞬間

 例

- 「この会社に勤めてよかった」と心から感動する瞬間BEST5
- 意外すぎる！デート中に男性がドキッとする４つの瞬間

きわめて短い時間のこと。物事のさまざまな瞬間を集めた記事はWebで人気。「時（とき）」にも書き換えられるワードですが、「瞬間」のほうがハッとして目に留まります。タイトルには、感情を呼び起こすシチュエーションを具体的に書くことがポイント。

247

偶然

例

- ある偶然から始まった！伝説のメニュー誕生エピソード
- 事故から１週間！奇跡的に生存者が助かった４つの偶然

思いがけなく、予測していなかったことが起きること。ちょっとしたロマンを感じさせるワードですよね。数字と組み合わせて、いくつかの偶然の重なりを示せば、さらにドラマティックな印象に。感動を求める読者のハートにアプローチしましょう。

○○なのに△△

- 悲しすぎる！「美人なのにモテない女性」の共通点
- ダイエットいらず？甘い物好きなのに太らない人の生活習慣
- 短時間しか働かないのに年収1000万円を超える人の特徴

　逆説を表現する言葉。○○と△△のギャップが大きければ大きいほどインパクトは強烈で、読者がハッとする鉄板ワードの1つです。

　1つ目の例の「美人なのにモテない」を見てみましょう。「美人」は、男性からとても人気のあるイメージですよね。憧れている女性も多いでしょう。そんな「美人」と「モテない」という世間の認識とは真逆の要素を組み合わせます。これを見た読者は想像を大きく裏切られ、同時に「一体、どうして！？」と疑問が沸々と湧いてきます。そして記事をクリックせずにはいられないのです。

　ライフスタイルの記事で幅広く使えて、ある程度PVも取りやすい、便利なワード。ターゲットの憧れや嫉妬の対象など、感情を揺さぶるものをテーマに選ぶのがコツです。

Word
249

信じられない

 例

- **信じられない**！思わず涙がこぼれた感動のプロポーズ
- **【動画】九死に一生を得た「信じられない決定的瞬間」**

　大きな驚きの感情を表すセリフ。タイトルの冒頭で「信じられない！」と叫ぶと、読者は「何事？」と興味を引かれます。よい内容に対しても、悪い内容に対しても使える、利用価値の高いワード。これまでにないような大きな発見を読者に届けましょう。

Word
250

ありえない

例

- **ありえない**！男たちの「浮気の言い訳」を調査してみた
- **ありえないほど美しい！自然がつくり出した奇跡の光景5選**

　「信じられない」と同じく驚きの感情を表すワード。おもに悪い意味で使われ、しばしば怒りの感情も伴います。比較的若い世代で使われるようになった口語で、読者は親近感を持つでしょう。「ありえない！」と冒頭に置いて、感情的なタイトルにしても。

○○と思われる△△

> **例**

- 「早く出世しそうだ」と上司に思われるハイパー仕事術
- 男性に「この子だらしなさそう」と思われる NG 女性の言動
- 女子大生から「頭がよさそう」と思われる趣味が判明

　「今の自分の言動、あの人はどう思っているんだろう」と不安になったことはありませんか？　多くの人が他人の評価を気にしている世の中。自分が人にどう思われているか、みんなとてもナーバスになっているのです。

　Webには「人にこう思われたい」「思われたくない」と思う読者が多く、他人の気持ちに関する記事はとても人気があります。おもに、仕事や恋愛など、人間関係を扱う記事に合わせやすいワードです。

　○○の部分は具体的に書いてリアリティを感じさせましょう。セリフをカギカッコに入れるのも効果的です。読者が「こう思われたい」と思っていることをストレートに書けば、共感のクリックがワッと集まりますよ。

Word
252

どうしても○○したい

 例

- どうしても今年中に結婚したい！婚活を成功させる方法4つ
- 「どうしても行きたい！」旅行好きが熱い視線を注ぐ新名所

「どうしても願いを叶えたい！」という読者の心の叫びを代弁すると、具体的なほど読者が共感しやすく注目が集まります。「よくぞ言ってくれた！」とクリックしてくれるでしょう。記事では願いを叶える方法をアドバイスすると◎。

Word
253

○○以上△△未満

例

- 「友達以上恋人未満」の関係を進展させるたった1つの方法
- すっぴん以上メイク未満！男性が好きなナチュラルメイク

うまくグループ分けしづらい曖昧な事柄を表現するときに使えるワードです。特に恋愛記事における「友達以上恋人未満」は、昔から PV が跳ね上がる定番テーマ。煮え切らない相手との関係に悩む読者に、直球でアプローチしていきましょう。

W o r d
254

本能

⋯（例）⋯⋯⋯⋯⋯⋯⋯⋯⋯⋯⋯⋯⋯⋯⋯⋯⋯⋯⋯⋯⋯⋯⋯⋯⋯⋯⋯

● 女子の本能が騒ぐ！めちゃかわアニマル文房具 BEST5

● 本能には逆らえない！彼を振り向かせる禁断のテク・4つ

　もともと備わっている性質や能力のこと。人間の欲望とも結びつくワード。「本能を刺激して感情を呼び起こす」という内容は大きなインパクトを伴い、読者の目を引きます。おもに恋愛記事など「人の気持ち」に焦点を定める記事と相性がよいでしょう。

W o r d
255

クギ付け

⋯（例）⋯⋯⋯⋯⋯⋯⋯⋯⋯⋯⋯⋯⋯⋯⋯⋯⋯⋯⋯⋯⋯⋯⋯⋯⋯⋯⋯

● かわいすぎ！ペットの姿に思わずクギ付けになる4つの瞬間

● 女子のハートがクギ付け！キュートな雑貨店が今月OPEN

　ある場所から動けなくなる状態を表し、おもに「視線」や「ハート」という言葉とともに使われます。思わず目が奪われてしまう出来事や、人気の商品・サービスを紹介する記事に。キャッチーでかわいらしい雰囲気をまとうので、女性向けの記事に。

256

グッと

> （例）
>
> - 彼との心の距離が グッと 近づくメールの書き方
> - あなたのプレゼンが グッと よくなる4つの資料テンプレ

　物事が大きく前進するときに使われるワード。ハウツーの記事に使うと、より効果的な印象をプラスします。イマイチ物足りないタイトルにも、このワードを使ってみましょう。しっかりと改善していく様子をイメージさせることができます。

257

魅惑の○○

> （例）
>
> - 女性のハートを虜にする「魅惑のイルミネーション」4選
> - スイーツ好き大集合！魅惑のケーキバイキング人特集

　人の心を惹きつける魅力あるアイテムを紹介する記事に。特に女性のハートに訴えかける、キラキラしたワード。魔法にかかるような美しい物や場所を、読者に教えてあげましょう。見た目や味、触り心地がいいなど、人の五感に訴える記事に使うと◎。

258

スッキリ

> **例**
> - クローゼットの中を一気にスッキリさせる4つの必殺技
> - プロに聞く！転職の悩みをスッキリ解決する方法とは

　気持ちよく、さっぱりしている様子。煩わしい状態をスッキリさせたいのは、多くの人が望むことですよね。カタカナ4文字の爽やかな語感に読者も反応します。掃除に関する記事はもちろん、あらゆる問題解決の記事にうってつけです。

259

ざっくり

> **例**
> - 超シンプル！確定申告のやり方をざっくり説明します
> - 【ざっくりレシピ】家族が喜ぶおいしいカレーの作り方

　大まかにという意味で使われるワード。細かすぎる煩わしい説明がなく、気楽に読める雰囲気を出すことができます。Webの記事は休憩時間に力を抜いて読む人も多いです。気を張らずに読めることをアピールして、読者の心理的ハードルを下げましょう。

Word
260

きっかけ

例

● 円満夫婦100組に聞いた！出会いのきっかけランキング

● 意外⁉ あのヒット商品が生まれた4つのきっかけ

　何かを始めるときの機会のこと。ヒット商品など「何を手がかりに開発されたのか」は、読者の知りたい気持ちをくすぐる人気テーマ。また人生観が変わったターニングポイントや、男女が出会ったエピソードを紹介するものも人気です。

Word
261

ゲット

例

● 売り切れ必至！今すぐゲットすべき春のトレンドアイテムBEST5

● 【裏ワザ】プレミア付きのスニーカーを楽々ゲットする方法

　何かを手に入れること。とてもカジュアルな印象で、若者の心にスッと入っていくワードです。トレンドアイテムを紹介する記事は、情報感度の高い読者にビシッと刺さります。入手困難なグッズを手に入れる方法も、一定の人気を誇るテーマです。

262

運命

例
- 実は超シンプル！「運命の彼」と出会う４つの法則
- 【動画】屋根に取り残されたイヌの運命やいかに!?

　天から定められた宿命のこと。ロマンチックな雰囲気があり、女性は「運命」という言葉に憧れが。特に恋愛記事とは相性がよく、「運命の出会い」「運命の男性」は鉄板のテーマです。また、今後の行く末が気になるものを紹介する記事にも使えますよ。

263

例
- これを持てばお金持ちに!?金運を爆上げするアイテム４つ
- 【無料占い】2019 年のあなたの恋愛運はどうなる？

　物事の運勢のこと。金運や仕事運、恋愛運など、さまざまなワードへと変化させましょう。男女を問わず、運勢に敏感な人は多いものです。とりわけお正月は、その年の運勢を求めて読者が殺到する時期。特段大きな PV が期待できるでしょう。

Word
264

脱○○

例

● 脱汚部屋！誰でも部屋がスッキリ片づく「時短整理テク」

● 意外とシンプル！「脱ネガティブ」を実現する４つの心がけ

　習慣などをやめるときに使う表現。きっぱりと断つことができる強い印象を与えます。やめるためのアドバイスを記事にしましょう。「シンプル」「簡単」などの言葉を合わせれば、「自分にもできそう」と期待させるので、さらにクリック率が上がります。

Word
265

卒業

例

● 貯金ができない女は卒業！今年こそ始める超シンプル貯金術

● スリムな体型をキープ！太りやすい体を卒業する５つの方法

　学校だけでなく、何かの習慣をやめるという意味でよく使われるワードです。「脱○○」より少しライトな印象があります。読者が手放したい習慣や、不要になったものを捨てる後押しを。前向きなタイトルに、読者の関心が吸い寄せられていきますよ。

Word
266

習慣

例

- スリムな人はみんなやっている！「痩せる習慣」4つ
- 続ければ年収10倍⁉ 金持ち体質になる7つの習慣

　生活の中で繰り返し行われること。読者が目標に近づくための習慣をアドバイスする記事は、定番中の定番。読者の理想の姿に近づくことや、悩みが解決することをストレートに書いて、読者のモチベーションを上げましょう。

Word
267

活用法

例

- 仕事が10倍はかどる！ワード＆エクセル活用法・7つ
- 着なくなった洋服を一発リメイクするびっくり活用法

　読者が使いこなせていないと感じるアイテムの有意義な使い方を紹介する記事に。仕事をスムーズにする記事や、家庭内のリサイクル記事も人気です。読者の悩みが解決する様子を具体的にイメージさせることが、PVアップのコツですよ。

Word
268

変化球

例

● カップルのマンネリを解消！４つの変化球デート

● 上司が思わず笑ってしまった「部下の変化球な言い訳集」

　本来はスポーツ用語ですが、定番ではなく１つヒネリを利かせたことを表現できます。読者にとって目新しい内容があるとアピールを。恋愛や仕事などマンネリを感じている人に向けて、斬新なアイディアで状況を一変させましょう。

Word
269

速報

例

● 【速報】サッカー日本代表の試合１：０で勝利

● トレンド速報！この夏絶対に流行るファッションを解説

　ニュースを素早く報道すること。速報の内容をタイトルにそのまま入れれば、読者はすぐに反応します。またニュースだけでなく、トレンド記事とも相性◎。情報の速さをアピールしましょう。【速報】としてタイトルの冒頭に入れると、とても目立ちますよ。

270

話題

例

- もう行った?関西の女子高生が殺到する話題のスポット4選
- 美容師の間で話題!美髪に導く「神シャンプー」の正体とは

　人々の間でよく話に上るトピックのこと。ネットでトレンド情報をチェックする人は多く、「話題」という言葉は読者の目を集めます。流行の発信源を具体的に書けば、臨場感が増して、さらに読者の注目を浴びるタイトルになります。

271

満載

例

- キュン要素満載!女子大生が指名買いする噂のスイーツ4選
- 気になる女子の画像満載!CMで話題のタレントを集めました

　従来は記事をたくさん載せることを表しますが、あるものが多数集まっていることを伝えるときに◎。読者が食いつくものや、見た人をハッピーにさせるものと組み合わせて。画像が多く載っている記事は「画像満載」として、さらにPVを集めましょう。

10

トレンド

Webの表現にも流行があることをご存じですか？
トレンドワードを使えば読者の目を引き、
PVを上げることができます。
ここ数年、Webで流行している
バズるワードをご紹介します。

あるある

例

- 30歳になる前日に独身女性が思うこと あるある BEST5
- 謎の絵文字満載 !? 母親から送られてくる LINE あるある
- 同意したらオッサン？「昭和の小学生夏休み あるある」

　さまざまなシチュエーションでありがちなことを、思わず「あるある！」と共感したくなるような記事に。笑い話になるような「あるあるネタ」は近頃人気です。

　あるあるネタは、読者が日頃から思っていたことに対し「細かいところによく気づいたな！」「よくぞ言ってくれた！」と強い共感を生み出します。「自分だけじゃなかった！」と同志を発見したようなうれしい気持ちにもなりますよね。

　タイトルには文字数が許す限り、内容を細かく書きましょう。読者がイメージしやすく、自分だったらこう思うなという予測をしながらクリックしてくれるはずです。

　ランキング形式にするのも、面白味が増して読者の関心を引きます。ユーモアのある記事にして、読者を楽しませてあげましょう。

Word
273

すごい

例

- この美容液が**すごい**！エイジレス女優が愛用するコスメとは
- マネするだけ！誰でも聞き上手になれる**すごい**テク10選

驚異的な効果やパフォーマンスが見込める、という意味を込めたいときに。優秀な商品やサービスの魅力を紹介する記事にオススメ。1つ目の例のような「この○○がすごい」は、近年流行している表現。ジャンルを問わず、幅広く使えるでしょう。

Word
274

○○すぎる

例

- 必ずハマる！楽し**すぎる**超絶叫アトラクション3選
- 驚愕！小5女子の「一輪車演技」がアクロバティック**すぎる**

何かを描写するとき、形容詞や形容動詞に1つヒネリを加えてみましょう。「○○すぎる」とすれば、とてつもなくすごいことであることが強調されて、驚くべき内容を想像させます。少し大げさな表現をするのも、PVを上げるテクニックの1つです。

○○したらこうなった

> 例
>
> - 25歳IT社員が「1週間スマホなし生活」をしたらこうなった
> - 家の中をすべて100均グッズにしたらこうなった
> - 80kgぽっちゃり女子が24時間カラオケダイエットに挑んだ結果

普段、人ができないようなこと、気になっていたことを「やってみた」と紹介する記事。書き手がチャレンジする内容は、安定の人気を誇ります。YouTuberになった気分で、読者のド肝を抜く企画に挑戦してみては。

タイトルでは、挑戦した内容を具体的に書くのがポイント。内容だけでなく、「誰が挑戦したのか」にもしっかり触れましょう。性別、年齢、職業など、読者の想像をかき立てるように書けば、さらに興味関心を刺激できます。挑戦した人物と内容にギャップがあれば、さらにパンチのあるタイトルに。

似たような表現で「○○した結果」という表現も使えます。結果が気になるようなタイトルづくりで、読者のクリックを誘いましょう！

Word
276

説

例

- マジ？婚期を逃すのはおブスより美人な説
- 「音楽を趣味にしている人は歳をとらない説」を検証してみた

　ある生活に根づいた仮説を検証する記事に。テレビの人気番組でもよく見る表現なので、若い人は特に反応しやすいでしょう。読者が日頃から感じていた内容を入れて共感を呼ぶ記事にしたり、目新しい説を紹介して、「へぇ」とうならせるのも手です。

Word
277

都市伝説

例

- いくつ知ってる？頭から離れなくなるリアル都市伝説ランキング
- 普段食べているアレが…？「パンの都市伝説」を集めてみた

　世間でまことしやかに囁かれている真偽が分からない噂話のこと。ミステリアスな雰囲気が出て「なんだろう？」と読者の目が吸い寄せられます。一見、都市伝説とは関係がなさそうな、ありふれたものを組み合わせると、その意外性から注目度も UP。

○○ハラスメント／ハラ

……（例）………………………………………………………………

- ●企業で「マタニティ・ハラスメント」が起こる４つの理由
- ●ご注意！女性社員からセクハラ認定される意外な言葉
- ●香水のつけすぎにご注意！周囲を苦しめる「スメハラ」とは

　嫌がらせや迷惑行為のこと。性的嫌がらせの「セクシャル・ハラスメント（セクハラ）」に代表されるように、日本ではすっかりおなじみの表現となりました。

　ハラスメントに敏感な昨今。タイトルにこのワードがあると、つい気になってしまう人も多いでしょう。ハラスメントを「○○ハラ」と略して使うと読者に周知されやすく、高いPVが出る１つのワードになります。

　最近では、いろいろなハラスメントが数々誕生しています。妊娠中の女性への嫌がらせを「マタニティ・ハラスメント（マタハラ）」、過度の体臭や香水のにおいを振りまくことを「スメル・ハラスメント（スメハラ）」なんて言ったりするそうですよ。こうした新しいハラスメントを取り上げる記事も、一定のPVを取ります。

279

激○○

> 例

- 女友達に褒められる！激カワ「スマホケース」ランキング
- 20代男性に激売れのコスメがあるって本当？

強調する言葉の１つ。やや俗っぽい表現で、若い読者と親和性がよいです。書き言葉が多いタイトルの中で目立つので、読者の目線をロックオンできます。商品紹介の記事では「激売れ」というワードで、ヒットしていることをアピールしましょう。

280

劇的

> 例

- フローリングが劇的にピカピカ！プロが選ぶ通販モップ５選
- 写真うつりが劇的に変化！神レベルのカメラアプリとは？

あるものが目をみはるほど変化する様を表すワード。ドラマティックな強い印象を与えます。日頃の悩みが「劇的」に解決したり、理想の姿に「劇的」に変貌を遂げるなど、よい方に変化することを表すときに使いましょう。

W o r d
281

レジェンド

> 例
> ● ファン急増中 ⁉「レジェンドすぎる主婦」を訪ねてみた
> ● 転職相談のレジェンドが教える！後腐れのない会社の辞め方

　伝説のこと。素晴らしいことを、大げさにアピールできるワードです。「達人」という意味で、あることに長けた人物を指すときにも使えます。また「とても秀逸な」という意味で「レジェンドな」という形容表現も近年人気です。

W o r d
282

カリスマ

> 例
> ● カリスマ添乗員が解説！大人気の船旅を楽しむ５つのコツ
> ● 美のカリスマが教える！40代でもシミをつくらない必殺テク

　人々を魅了するようなワザを持った人のこと。かつて「カリスマ美容師」がブームになりましたが、腕前と人気を兼ね備える人のことを指すときに使えます。専門家の立ち位置で「カリスマが教える」として、タイトルに説得力を出すのもよいでしょう。

283

デビュー

例

- 30代お疲れOLを救う！「究極の癒しグッズ」ついにデビュー
- 社会人デビューの人必見！仕事に必ず役立つアイテム4選

　芸能人などが初めて表舞台に立つこと。人物はもちろん、商品やサービスが新登場したときにも役に立つ表現です。カタカナなので、タイトルの中でも目を引きます。「社会人デビュー」など新しい環境に身を置いたことも表現できるワードです。

284

神

例

- 翌日の肌がつやつや！飲むだけで若返ると話題の「神サプリ」
- この温泉は神！旅行のプロが選ぶ最高のお宿ランキング

　「素晴らしい」という意味を持つ、ここ最近若者の間で使われているワード。アイテムや人につけると、最上級の褒め言葉になります。単体で「神！」というふうに、感動を吐露する表現としてもキャッチーです。「神がかった」という類似表現にしても◎。

285

ドキッ

例

- 男性が思わず**ドキッ**とする「女性のセクシーな仕草」とは
- **ドキッ**！不倫がバレた恐ろしすぎる瞬間4パターン

心臓が一瞬鼓動することを表現したワード。おもに恋愛記事で、異性に特別な感情抱くときに使われます。特に女性とは親和性が高く、「ドキッ」の3文字があるだけで目線がロックオンされてしまいます。恋愛だけでなく、驚きや恐怖を表現するときにも。

286

キュン

例

- 使うたびに**キュン**とする女子のテンション爆上げの文房具
- **キュン**が止まらない！猫が飼い主に甘えてくる動画10本

「ドキッ」と同じような表現。異性に対して特別な感情を抱いたときに使われる、少女漫画のようにロマンティックなワード。また、カワイイものを見たときの感情としても使用可能。キュートなアイテムや動物、赤ちゃん紹介するときにも使えるでしょう。

Word
287

プチ○○

> **例**
>
> ● 東京のOLたちに「**プチ**副業」が広まっているワケ
>
> ● 週末に「**プチ**贅沢」できるホテルのスパ4選

「ちょっとした」という意味で使われるワード。本格的ではないけれど、それっぽく、さりげなく、という絶妙なニュアンスを出すときに重宝します。語感のかわいらしさから、女性読者とは相性バツグン。バリエーション豊富で、使い勝手のよいワードです。

Word
288

ちょい○○

> **例**
>
> ● いつものカレーがレベルアップ！「**ちょい**足しレシピ」4選
>
> ● 将来「**ちょい**悪オヤジ」になりそうな20代男子の特徴

「ちょっと」の話し言葉として使われます。タイトルに使えば、キャッチーでトレンド感あふれる印象に。代表的な例として「ちょいワル」というワードがありますね。使い勝手のよいワードなので、ぜひアレンジして使ってくださいね。

Word
289

隠れ○○

（例）

● 禁断の世界！？「隠れ女装男子」イベントに潜入してみた
● 外ではキレイだけど実は…「隠れズボラ女子」４つの特徴

　おおっぴらにはしていないけれど、陰で隠れてやっていること
を表すときに。代表的なものに「隠れファン」など、あまり人に
知られたくない行動がそれに当たります。隠されると、逆に見た
くなりますよね。タイトルに入れるとユーモアの出るワードです。

Word
290

世にも奇妙な

（例）

● 「なぜダメ男に引かれるのか？」世にも奇妙な恋愛法則３つ
● 夏の暑さを吹っ飛ばす！「世にも奇妙な怪談イベント」開催

　少し不気味な雰囲気をまとう表現。正体不明の謎めいたもの、
真偽不明の話を取り上げるときに。テレビ番組の影響もあり、ワー
ドそのものの認知度も高く、フックになる可能性も。ミステリア
スな雰囲気で読者のクリックを誘い出しましょう。

Word
291

テンション

 例

- 音とダンスでテンションMAX！夏を100倍楽しむクラブイベント
- 旦那のテンションがダダ下がり！言ってはいけない妻の一言

　気持ちの盛り上がりを表すワード。カタカナ5文字なのでタイトルの中で目立ち、若い読者とも親和性が高いです。読者の気持ちを代弁するように、テンションの上がり下がりを紹介しましょう。テンションMAX、急降下など表現を工夫するのも◎。

Word
292

サプライズ

例

- 女性はサプライズが大好き！カノジョが喜ぶプレゼント4選
- あの二人が⁉「サプライズ結婚」で騒がせた著名人5組

　驚きを表すワード。嫌な驚きではなく、喜ばしい驚きという意味で使うのが一般的です。近頃は、内緒にしていたプレゼントやプロポーズで誰かを驚かせることが流行しています。特に、女性はサプライズに憧れているので、関心を強く引きますよ。

Word
293

ベストアンサー

例

- ベストアンサーはこれ！片思いの不安を解消する４つの方法
- 老後の不安をゼロに！FPが提案するベストアンサー

物事に対する「最もよい答え」という意味。Webではよく見かけるおなじみのワードです。読者が求めているのは、悩み事を解決してくれるベストアンサー。これを読めば、問題がスッと解決することを想像させて、記事を読んでもらいましょう。

Word
294

決めゼリフ

例

- 好きな女性を口説き落とした「男の決めゼリフ」４選
- 決めゼリフはコレ！詐欺師があなたに狙いを定める瞬間

誰かが特定のシチュエーションで発する「おなじみのセリフ」のこと。歯切れがよく、すっきりした印象があります。これを言えば悩み事が解決できるというセリフを紹介する記事に。悪巧みをもくろむ人の見分け方を解説するのも、面白いでしょう。

炎上

 例

● 女優のSNSが炎上！そもそもの原因を冷静に分析してみた

● IT担当者必見！企業アカウントの炎上を避ける4つのルール

好ましくないことが起こったとき、SNSに悪いコメントがたくさんつくこと。炎のように勢いよく盛り上がるので、こう呼ばれています。野次馬の心を刺激するのでしょうか、炎上に読者は興味津々。それを避けるための注意喚起の記事も注目を集めます。

LINE

例

● 彼女に昇格！好きな彼を虜にする胸キュン LINE テク・4つ

● 社内の評判うなぎ上り！「ビジネス LINE」4つのマナー

今や LINE は家族、友人、仕事仲間など、さまざまな人との連絡手段として活躍するツールです。そんな LINE 術を紹介する記事は大人気。恋愛記事との相性はバツグン。LINE でより円滑にコミュニケーションができるようになることを伝えましょう。

297

画像

例

- ●【画像あり】お呼ばれ・結婚式のセルフヘアアレンジ
- ● 画像50枚「古き良き昭和の風景」で癒やされよう

　画像を見せる記事は、タイトルで「画像がありますよ」とストレートに伝えると効果的。【画像あり】と冒頭に入れれば、読者の目を集めることができます。また画像の枚数が多い場合は、数もしっかり書くこと。画像の多さは大きなアピールポイントです。

298

動画

例

- ●【動画あり】無邪気すぎるハムスターに癒やされよう
- ● 1分動画「部屋でできる大胸筋エクササイズ」

　動画も、読者の興味関心を引く1つの要素です。冒頭に【動画あり】とすれば、大きなアピールになります。ハウツー記事に説明動画を入れれば、飛躍的なPVアップに。タイトルに動画の尺の長さを入れても◎。動画は短いほど気軽に見てもらえます。

Word
299

爆速

例

● 売り上げ1億円を「爆速で達成する」ための超メール術

● 1日10冊も夢じゃない!?「爆速読書術」の秘密

　スピードが爆発するように勢いがあることを表すワード。売り上げや成績など、あるものがスピーディに成長するときの表現に使えます。また、問題や悩みがすばやく解決できることをアピールして、読者にメリットを感じてもらうのもオススメです。

Word
300

爆誕

例

● 数々の名言が爆誕！脚本が秀逸だった連続ドラマ BEST10

● 即完売？女性の誰もが望んでいた「夢のアイテム」ついに爆誕

　何かが新しく誕生したときに使われる、近頃人気のワード。爆発するようなダイナミックさ、華やかさを伴います。新しい商品やサービス紹介にもうってつけ。長い間待ちこがれていたものが「ついに誕生した！」という感動を、読者に伝えましょう。

記事は"読者ファースト"の精神で

　ここでは、バズる記事を書くためのコツをご紹介します。まず大切にしてほしいのが"読者ファースト"の精神。読者のことを第一に考えよう、ということです。記事は、自分が書きたいことだけを書いてもバズる記事からは遠ざかってしまいます。自己満足や、独りよがりの印象が強くなってしまうからです。

　バズる記事を書くためには、自分が書きたいことよりも、読者が読みたいことを書くのが鉄則です。読者が今必要としている情報や、抱えている悩み・問題を解決したいときに記事は読まれます。そのために、あなたの読者がどんな情報を求めているかを研究する必要があります。

　たとえば、働く30代女性がターゲットならば、キャリアアップの方法や、疲れた体の癒やし方を求めているかもしれません。また、地元に住む50代主婦がターゲットならば、商店街にできた新しいパン屋さんの情報や、地元で行われるお祭りについて知りたいと思うでしょう。こんなふうに、あなたの読者はどんなことを知りたいのか考えてみてください。

　読者が求めている答えを発信すれば、サイト全体のPVは上がっていきます。記事のタイトルには情報の内容をストレートに書きましょう。読者は瞬時に「これだ！」と思って飛びついてくるはず。

　記事の本文は、1文目で「○○したいですよね」と読者の共感すれば、さらに効果的です。「この書き手は自分のことを分かってくれている」と読者はあなたを信頼しながら、最後まで読んでくれますよ。

　言葉遣いや表現の仕方も、読者に合わせてチョイスしましょう。たと

えば、シニア向けの記事に女子高生がよく使う言葉（例として「ワンチャン」「草生える」など）を使っても理解されないでしょう。また中学生向けに難しいビジネスワード（例として「PDCA」「アサイン」など）を使っても、読むのをやめてしまうはずです。ポイントは読者が普段使っている、親近感を感じさせる言葉で書くことです。読者と目線を合わせて記事を作りましょう。

このように、記事を書くときは"読者ファースト"が鉄則。常に読者の気持ちを考えながら、親切かつ丁寧な記事づくりを目指しましょう。

巻末コラム 2
タイトルのトレンドをつかむには？

タイトルにはトレンドがあります。ひと昔前の表現を使うと、どこか古臭い印象があり、クリック率も伸び悩みます。たとえば、2014 年ごろのコラムサイトでは、伏せ字である「●●」を使うタイトルが流行していました。

例：●●をすると寿命が縮まるって本当？

このようにキーワードを隠すことによって、読者の関心を誘う狙いがありました。しかし 2018 年現在、その姿を見ることは少なくなりました。当時、たくさんのサイトが「●●」だらけになってしまったので、読者がマンネリやうっとうしさを感じてしまったのかもしれません。

一方で、ここ数年でじわじわ存在感を増しているタイトルの 1 つに、それ自体がクイズの問題になっているものが挙げられます。

例：「重複」の正しい読み方は「ちょうふく」「じゅうふく」どっち？

このように、漢字の読み方など一般常識を問う記事。読者は自分の知識を試したり、知らない知識を吸収できるので人気傾向にあります。漢字だけでなく、ビジネスマナーや、英語表現を問うものもよく見受けられます。

　日々目まぐるしく変わるタイトルの潮流。これをつかむには、毎日さまざまなニュースサイトをチェックすることが大切。特に、自分と同じジャンルを発信しているサイトのランキングは、ちょくちょく見ておきましょう。同じ傾向の読者を抱えていることが多いので、どんなテーマが人気を集めているのか、どんなタイトルが作られているか、大きな参考になるはずです。

　今、何が流行っているか知るために、リアルタイムのトレンドをチェックするのも◎。「Yahoo! リアルタイム検索 for Twitter」というスマホアプリが便利でオススメです。Twitter などの SNS でたくさん投稿されているキーワードが、ほぼリアルタイムでランキングにまとめられています。トレンドに上がっているワードをもとに、記事のテーマやタイトルを考えるのも 1 つのテクニックです。

　また、巷で話題になっている言葉にも敏感になりましょう。テレビやニュース、CM、友達との会話でよく聞くワードや、耳に残るワードはありませんか？　たとえば今この書籍を制作している 2018 年には、とあるメガネ型の拡大鏡の CM で「(商品名)、だぁいすき！」というフレーズが話題です。この表現を拝借してみるのも 1 つの手です。もしあなたが「ABC コーヒー」という商品の PR 担当だった場合……

　　例：ABCコーヒー、だぁいすき！という人が増えている4つの理由

　という記事にするのもよいでしょう。読者は「あの CM のマネをしているな」と気づいて、記事に興味を持ってくれます。

言葉のトレンドといえば、話題となった言葉を発表する「流行語大賞」というものがありますが、これもチェックしておいて損はありません。たとえば毎年発表されている「ユーキャン新語・流行語大賞」。2017年は、「インスタ映え」「忖度」が年間大賞に選ばれました。ほかにも、「フェイクニュース」「○○ファースト」などがランクイン。タイトルのヒントになるワードの宝庫です。

　　例：友達より先に撮りたい！「インスタ映えするスイーツ」4選
　　例：ウソ情報に騙されるな！フェイクニュースを見分ける方法

　ただし、タイトルに使える流行語の賞味期限は1年程度と考えます。1つ前の2016年のトップテンとして選ばれた流行語には「神ってる」「（僕の）アモーレ」がありました。今使うとなると、ちょっと古臭い感じがしますね。

　世間の流行語は瞬間風速的に大きな盛り上がりを見せますが、死語となるのも早いのです。流行は生もの。タイトルに使うのは新鮮なうちに！を心がけましょう。

　ほかにも、「ネット流行語大賞」「JC・JK流行語大賞」（JC＝女子中学生、JK－女子高生の意）なども発表されています。ターゲットとする読者の間で流行っている言葉は、積極的に取り入れることがバズらせるコツですよ。

　私は、日々移り変わるタイトルのトレンドをリアルタイムで研究しています。バズりそうな表現、トレンド傾向にある表現を見つけたら、Twitter（@azumakanako）でハッシュタグ「# タイトル職人」をつけて発信しています。そちらもぜひ、ご活用くださいね！

おわりに

　ブログや SNS がますます発達し、個人がウェブで情報発信をする「セルフメディア」は今や当たり前の世の中。ウェブでの自己表現は、現代人の営みの一つといっても過言ではありません。

　個人だけでなく、企業にとってもウェブでの情報発信は今や主流。企業がメディアをつくって発信をする「オウンドメディア」も、たくさんの企業が取り組んでいます。

　また、ウェブを使ったビジネスは気軽に始められるため、年齢を問わず人気です。副業としてウェブライターで活躍している OL さん、主婦の方もたくさんいらっしゃいます。ウェブ関連の仕事に従事していなくても、ウェブでの表現力が問われる時代になったと感じる今日この頃です。

　インターネット上にちりばめられている無数の記事。その中で読者に見つけてもらいクリックしてもらうためには、タイトルで目立つことが必須です。その１つの手がかりとして、この本では 300 ほどのバズる単語を紹介してきました。

バズる単語は、砂の中にあるダイヤモンドのようなもの。今回紹介しなかった単語でも、キラリと光る"バズ単"はあるはずです。同僚や友達から「あの記事読んだよ！」「タイトルを見てついクリックしちゃったよ！」と褒められたらチャンス。記事をもう一度、見返してみましょう。あなたなりのバズる単語を見つけてみてください。

　より実践的なタイトルの作り方、記事の書き方のコツは、拙著『100 倍クリックされる 超 Web ライティング 実践テク60』でも紹介しています。個人の方から企業の Web 担当者、プロのライターまで、たくさんの方にかわいがっていただいてるようです。よかったら、手に取ってみてください。

　ウェブで情報発信をする方の記事が、もっとたくさんの人に届くように祈っています。あなたの素晴らしい情報が多くの人に届くよう、役立てていただければ幸いです。

　本書を最後までお読みくださり、ありがとうございました。

東 香名子 （あずま・かなこ）

ウェブメディアコンサルタント。コラムニスト。東洋大学大学院修了後、外資系企業、編集プロダクションを経て、女性サイト「東京独女スタイル」の編集長に就任。アクセス数を月1万から月650万にまで押し上げ、女性ニュースサイトの一時代を築いた。現在は、連載・テレビ出演などのメディア活動の傍ら、ウェブタイトルのプロフェッショナルとして、メディアのコンサルテーションを行う。クライアントは企業オウンドメディアから、プロライター、芸能人、会社経営者、ライティングを副業とするOLまで幅広い。また文章スクール「潮凪道場」で講義・講演を行っている。著書に『100倍クリックされる超Webライティング 実践テク60』（PARCO出版）がある。

● オフィシャルサイト
http://www.azumakanako.com
● リアルエッセイスト養成塾　潮凪道場
http://www.hl-inc.jp/essayist/

100倍クリックされる 超Webライティング
バズる単語 300

2018年12月13日　第1刷
2021年4月9日　第4刷

著：東 香名子

企画協力　潮凪洋介
デザイン　平林亜紀（micro fish）

発行人　川瀬賢二
編集　熊谷由香理
発行所　株式会社パルコ　エンタテインメント事業部
　　　　〒150-0042　東京都渋谷区宇田川町15-1
　　　　電話：03-3477-5755
　　　　https://publishing.parco.jp

印刷・製本　株式会社加藤文明社

Printed in Japan
無断転載禁止